제3판 [Third Edition]

Black-Scholes 방정식의
수치해석 입문

김준석 · 정다래 · 추영기

KYOWOOSA 教友社

머리말

현재도 그렇지만 미래에도 금융산업은 중요한 국가 산업이 될것이다. 첨단 금융지식을 습득해 금융시대를 준비해야 한다. 우리나라가 국가부도 위기를 맞아 국제 통화기금(IMF)에 구제 금융을 신청한지 어언 10여년이 지났다. 사상 처음 맞는 경제 파산위기에서 벗어나기 위해 처절한 구조 조정의 아픔을 겪어야만 했던 한국경제는 이제 새로운 도약의 전환점에 서 있다. IMF와 똑같은 위기는 재발하지 않았지만 과도한 가계부채, 자산 거품, 국제 금융 불안과 같은 새로운 위험 요소들은 아직도 상존하고 있다.

이 책에서는 여러 가지 파생금융상품 중에서 옵션의 기본적인 가격결정모델과 모델의 수치해석을 다룬다. 초보자들에게 옵션거래의 핵심사항들을 간단명료하게 해설하고 MATLAB 코드를 제시함으로써 기본적인 수치해석 원리와 기법을 쉽고 정확하게 이해 할 수 있도록 했다. 옵션에 대해서 기본적인 일반상식, 경제학, 수학, 수치해석의 네 분야를 한권의 책으로 만들었다. 이 책이 스톡옵션의 가격결정을 위한 수치해석 기법을 공부하는 사람들의 입문서로서 도움이 되었으면 합니다.

본 저서의 중점은 제 7장, 8장, 9장의 유한 차분법, Tree 가격결정모형, 그리고 몬테카를 시뮬레이션등 수치해석이나 내용의 완전성을 유지하기 위해 다른 주제들도 함께 담았다. 부족한 내용들은 서점에 나와 있는 다른 참고 도서를 참조하면 될 것이라 사료된다. 이 책이 파생상품 모델링에 대한 수치해석에 관심 있는 독자들에게 조그마한 보탬이라도 될 수 있기를 바란다. 마지막으로, 제 8장 Tree 가격결정모형과 제 9장 몬테카를 시뮬레이션의 원고에 도움을 준 김경중님과 박진아님께 감사를 드린다. 무엇보다도 이 책을 꼼꼼히 살펴보면서 부족하고 서투른 부분에 많은 조언을 준 이동선님과 양수현님에게 고마움을 전한다.

이 책의 곳곳에 부족한 부분이 많이 남아 있으리라 생각된다. 또한 원고초안을 작성할 때 참고한 문헌들의 문장들이 그대로 있는 경우도 있을 거라 생각되어진다. 지적해주시면 다음 개정호에는 수정 할 예정이다. 이러한 과정이 계산 금융(computational finance)분야에 있어서 체계적인 수치해석 교재를 만들어가는 과정이라 생각해 주시면 감사 하겠습니다.

정다래 (tinayoyo@korea.ac.kr) · 추영기(chooyk0653@korea.ac.kr) · 김준석 (cfdkim@korea.ac.kr)

참고 온라인 사이트

매일경제 http://www.mk.co.kr
한국증권 선물거래소 http://krx.co.kr
야후금융 http://kr.finance.yahoo.com
한국투자증권 http://www.truefriend.com
삼성증권 http://www.samsungfn.com
이트레이드증권 http://www.etrade.co.kr
고려대학교 금융공학협동과정 http://kufinance.cafe24.com/redgra/main.html
카이스트 금융전문대학원 http://kgsf.kaist.ac.kr
연세대 금융공학연구실 http://financialeng.mireene.com/fel/index.htm
아주대 금융공학 http://fe.ajou.ac.kr/

차 례

1장

서론

본 저서는 서론을 제외하고 다음과 같이 총 8장으로 구성되어 있다.

제 2장은 금융을 처음 공부하는 독자들을 위해 파생금융상품 중의 하나인 KOSPI200지수 옵션에 대해서 다루었다.

제 3장은 MATLAB을 잘 모르는 독자들을 위해 MATLAB의 기본 사용법과 본 저서의 MATLAB 코드를 이해하기 위해서 필수적으로 알아야 하는 명령어들의 설명이 있다.

제 4장에서는 확률미분방정식을 소개하며 확률미분방정식을 풀기 위한 Itô 적분과 Itô 공식에 대하여 설명이 있다.

제 5장은 옵션가격을 결정 하는 방정식인 Black–Scholes 편미분 방정식을 유도하며 열방정식의 해석해로부터 Black–Scholes 방정식의 해석해를 유도한다.

제 6장은 변동성 추정하는 방법으로 역사적 변동성에 대해서 소개하고, 내재 변동성을 이분법과 뉴튼방법을 사용하여 수치적으로 구하는 방법에 대해서 다루었다. 또한, 변동성 스마일에 대해서 설명이 있다.

제 7장은 유한 차분법에 대해서 다루었다. 열방정식과 Black-Scholes 방정식의 명시적, 함축적, 그리고 크랭크-니콜슨 방법을 소개했다. 또한 Greek의 유한차분해를 구하여 해석해와 비교했다.

제 8장은 Tree 가격결정모형에 대해서 다루었으며, 여러 가지 Tree 모형과 이색 옵션에 이항트리 모형을 적용하는 방법을 소개했다.

제 9장은 몬테칼로 시뮬레이션에 대해서 다루었다. 촐레스키 분해를 이용하여 상관관계를 갖는 두 개의 난수를 생성하는 방법을 소개했다. 몬테칼로 시뮬레이션을 빠르게 수렴시키기 위한 방법들을 소개하였다.

2장

파생금융상품 (Derivatives)

파생금융상품은 기초자산(underlying assets)의 가격변동으로 인한 손실위험을 없애기(Hedging) 위해 탄생했다. 대표적 파생금융상품으로는 선물, 옵션, 스왑 등이 있으며, 이 책에서는 이러한 상품 중 옵션에 대하여 다루기로 한다. 옵션계약의 대상이 되는 상품을 **기초자산**이라 하는데, 이는 크게 곡물, 축산물, 귀금속 등과 같은 일반적인 상품(commodity)과 주식, 채권, 주가지수(KOSPI 200), 통화 등과 같은 금융상품으로 구분할 수 있다. 각각의 옵션을 거래대상에 따라 상품 옵션(commodity option) 그리고 금융옵션(financial option)으로 나눌 수 있다.

제 1 절 옵션의 개념과 주요 용어

옵션(option)이란 특정 자산을 미리 정해진 가격(행사가격, strike price)으로 미래의 일정한 시기(만기, maturity)에 또는 일정한 기간 내에 매수 또는 매도할 권리가 내재된 계약을 일컫는다. 옵션은 크게 행사 시기에 따라 만기에만 행사를 하는 유럽형 옵션(European option)과 어느 시점에나 조기행사가 가능한 미국형 옵션(American option)으로 나누어진다. 이 때 특정자산을 매수할(살 수 있는) 권리를 **콜옵션**(call option), 매도할 수 있는(팔 수 있는) 권리를 **풋옵션**(put option)이라고 한다.

그럼 이제 옵션의 손익구조(Payoff)에 대해서 알아보자. 예를 들어 이해해 보도록 하자. 행사가격이 $10,000$원인 콜옵션의 경우를 생각해보자. 만약 만기일에 주가가 $12,000$원이 된다면 주가 1개를 $10,000$원으로 구입하고 $12,000$원의 가격으로 매도하여 이익은 $12,000 - 10,000 = 2,000$. 즉, $2,000$원의 이익을 얻게 된다. 또, 이번에는 만기일에 주가가 $9,000$원이 된다면 이익은 $9,000 - 10,000 = -1,000$이 되어 1,000원의 손해를 가지게 되므로 행사를 할 필요가 없다. 그러므로 그때의 이익은 행사를 하지 않으면 되므로 0원이 되게 된다. 이것을 토대로 유럽형 콜옵션의 손익함수(Payoff function)($C(t)$)을 유도하면 다음과 같이 유도할 수 있고, 그림 (2.1)는 콜옵션의 손익함수를 나타낸 것이다. 여기서 $S(T)$는 만기시의 주가 가격을 나타내고, K는 행사가격을 말한다.

$$C = \max(S(T) - K, 0)$$

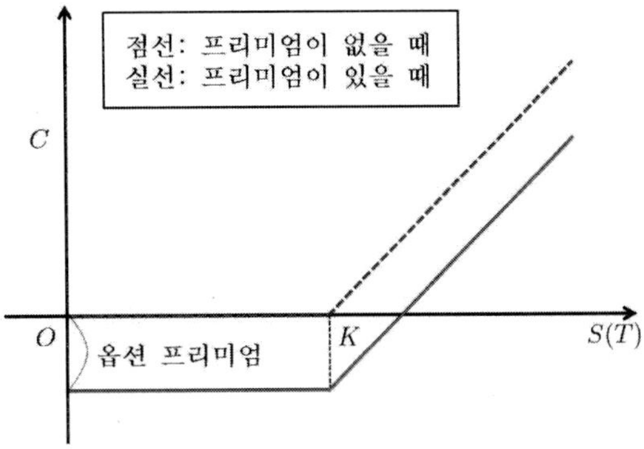

그림 2.1: 콜옵션의 손익함수

풋옵션의 경우는 콜옵션과는 반대과정을 따르므로 손익함수는

$$P = \max(K - S(T), 0)$$

로 나타내고 손익함수 그래프는 그림 (2.2)에서 확인할 수 있다.
여기서 옵션 프리미엄(option premium) 이라는 것은 옵션 거래시 매수자가 매도자에게 지급되는 금액을 얘기한다.

제 2 절 옵션매입자와 옵션발행자

옵션매입자(option buyer)는 옵션발행자(option seller)에게 일정한 프리미엄 (premium)을 지급하고 권리를 매입한 사람을 말한다. 옵션매입자는 옵션권리의 취득에 의해 옵션 매도자에게 정해진 기간에 옵션계약의 내용에 대한 이행을 청구할 수 있으며, 반대로 자신에게 불리한 경우 권리의 행사를 포기할 수 있다.

반면에 옵션발행자는 옵션매입자에게 권리를 양도하고 일정한 프리미엄을 받는다. 그에 대한 의무로 만기에 옵션매입자가 미리 정해진 조건에 자산을 매입하고자 하는 경우(콜옵션)나 매도하고자 하는 경우(풋옵션), 거래의 상대방이 되어야 할 의무가 발생한다.

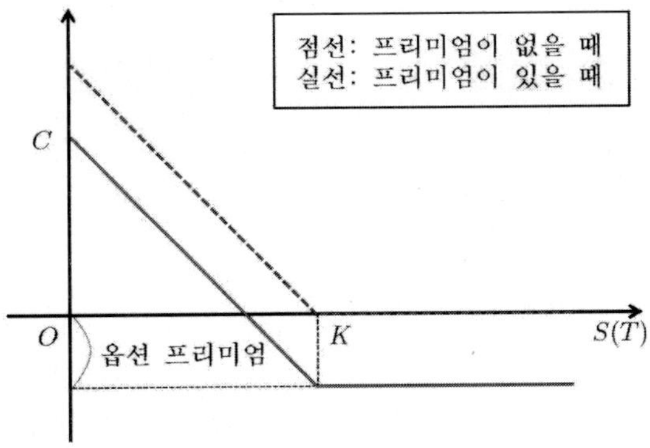

그림 2.2: 풋옵션의 손익함수

제 3 절 만기일

옵션매입자가 옵션의 권리를 행사할 수 있는 마지막 날을 **만기일(Maturity)**이라 한다. 우리나라 주가 지수 옵션시장의 만기일은 만기 월의 두 번째 목요일이다. 여기서 주의해야 할 것은 둘째 주 목요일이 아니라 두 번째 목요일이라는 점이다. 만일 두 번째 목요일이 휴장일인 경우에는 순차적으로 앞당기게 된다. 옵션의 결제가 이루어지는 달은 선물거래와 마찬가지로 3, 6, 9, 12월 중 두 개와 현시점에서 가장 가까운 두 개의 달을 합쳐 모두 4개의 결제월이 있다.

예를 들어 현재시점이 2012년 3월 7일(두 번째 수요일)인 경우 2012년 6월 만기와 2012년 9월 만기, 그리고 현재시점에서 가장 가까운 달인 2012년 3월과 4월 만기의 네 종목이 거래된다.

하루 뒤인 2012년 3월 8일(두 번째 목요일)의 거래 종료 후 2012년 3월 만기의 옵션거래는 없어지며 다음날인 3월 9일부터는 2012년 4월, 5월, 6월 그리고 새로이 2012년 9월 만기의 옵션이 상장되어 거래된다.

만기일이 가장 가까운 상품을 **근월물**이라 하고 그 다음이 만기인 순으로 **차월물**, **차차월물**이라고 한다.

제 4 절 옵션의 상태

유러피언 콜옵션의 경우 만기일에 기초자산의 시장가격이 행사가격보다 낮은 경우 옵션은 옵션매입자는 옵션권리의 취득에 의해 옵션 매도자에게 정해진 기간에 옵션계약의 내용에 대한 이행을 청구할 수도 있으며, 반대로 자신에게 불리한 경우 옵션계약을 포기할 수 있다. 가치를 지니지 못하게 되므로 옵션은 행사되지 않고 소멸되고 만다. 이와 같이 옵션의 권리를 행사하는 것이 이득이 되지 않는 상태를 외가격(out-of-the-money; OTM)상태라 하고 이 때의 옵

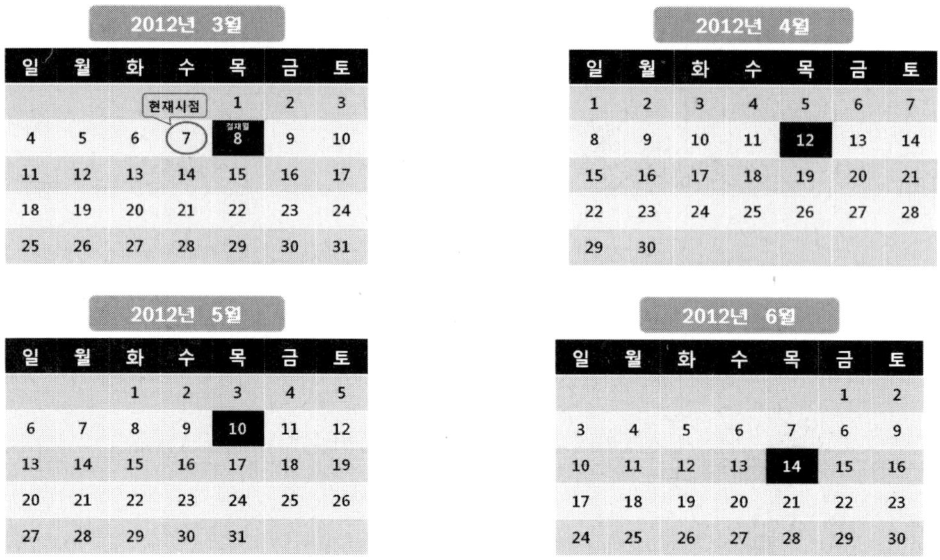

션을 **외가격옵션**이라 부른다. 옵션의 행사가격이 기초자산의 시장가격과 동일하여 옵션을 행사하거나 행사하지 않는 경우가 무의미한 경우를 등가격상태라 하며 이러한 옵션을 **등가격옵션**(at-the-money option; ATM option)이라 한다. 한편, 시장에서 기초자산의 가격상황이 옵션을 행사하는 것이 유리한 경우, 예를 들어 콜옵션의 경우에는 기초자산의 시장가격이 행사가격보다 높은 상태를 내가격상태라 하며 이러한 옵션을 **내가격옵션**(in-the-money option; ITM option)이라 한다.

아래 그림(4)과 그림(4)은 각각 콜옵션과 풋옵션에 대한 옵션의 상태를 나타낸 그림이다.

제 5 절 우리나라 옵션시장의 구조와 운영

우리나라의 옵션시장은 1997년 7월 7일에 KOSPI 200지수를 대상으로 하는 주가지수 옵션거래가 시작되었다. 여기서 KOSPI 200지수(Korea Stock Price Index 200: 한국주가지수 200)란, 우리나라 주가지수 선물시장의 거래 상품으로서, 주식시장의 시세를 반영할 수 있도록 200종목을 선정하고 시가총액 가중식으로 1990년 1월 3일의 시가총액을 100으로 기준하여 지수를 산정한 것이다.

$$\text{KOSPI 200} = \frac{\text{대표종목 200개의 비교시점의 시가총액}}{\text{대표종목 200개의 기준시점의 시가총액}} \times 100.$$

종목 선정은 시장 대표성, 유동성, 업종대표성을 감안하여 투명성과 안정성에 초점을 맞추어 제조업, 전기 ·가스업, 건설업, 유통 · 서비스업, 통신업, 금융 서비스업 등 6개 산업 군으로

2012년 3월

일	월	화	수	목	금	토
				1	2	3
4	5	6	7	결제일 8	9 (현재시점)	10
11	12	13	14	15	16	17
18	19	20	21	22	23	24
25	26	27	28	29	30	31

2012년 4월

일	월	화	수	목	금	토
1	2	3	4	5	6	7
8	9	10	11	12	13	14
15	16	17	18	19	20	21
22	23	24	25	26	27	28
29	30					

2012년 5월

일	월	화	수	목	금	토
		1	2	3	4	5
6	7	8	9	10	11	12
13	14	15	16	17	18	19
20	21	22	23	24	25	26
27	28	29	30	31		

2012년 6월

일	월	화	수	목	금	토
					1	2
3	4	5	6	7	6	9
10	11	12	13	14	15	16
17	18	19	20	21	22	23
24	25	26	27	28	29	30

2012년 9월

일	월	화	수	목	금	토
1	2	3	4	5	6	7
8	9	10	11	12	13	14
15	16	17	18	19	20	21
22	23	24	25	26	27	28
29	30					

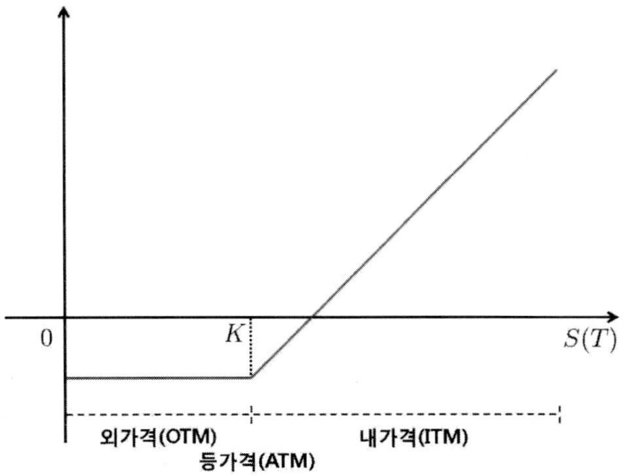

그림 2.3: 콜옵션에서의 옵션의 상태

구성되어 있다.

제 6 절 거래제도 개요

6.1 거래소

우리나라의 KOSPI 200 옵션은 한국증권선물거래소[1](Korea exchange)에서 거래된다. 증권선물거래소는 거래대상이 되는 주가지수의 선정, 거래의 기준과 방법에 대한 규칙의 제정, 회원 등 시장참여자의 감독과 규제, 관련 정보의 공시, 회원의 자격심사 및 감리, 결제업무 등을 담당한다.

현재 우리나라에서는 증권선물거래소 내에 옵션거래에 관한 결제기구를 두고 있다. 거래소에서 옵션거래를 하는 회원으로 등록된 증권회사가 거래소 결제기구에 대해 결제이행의무를 지게 된다. 물론, 모든 옵션거래의 결제이행은 거래를 행한 고객들의 부담이며, 그 거래를 대행한 증권회사에 대하여 결제이행의무를 지게 된다.

6.2 호가단위

1계약의 크기는 지수 1포인트당 10만원이며 호가가격 변동폭은 옵션가격이 3포인트 이상일 경우는 0.05포인트, 즉 5,000원이고 3포인트 미만일 경우는 1,000원, 즉 0.01포인트이다. 옵션거

[1] http://www.krx.co.kr/index.html

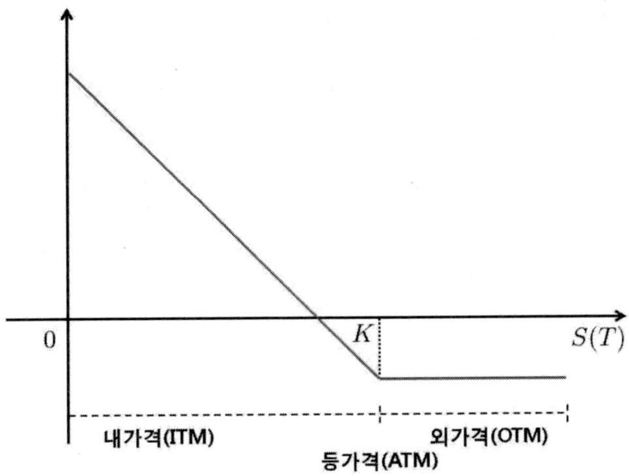

그림 2.4: 풋옵션에서의 옵션의 상태

래는 가격제한폭이 없지만 시장안정을 위해서 호가가격이 전일의 대상자산 가격대비 ±15%를 벗어나는 경우 거래소에서 호가접수를 거부하는 호가한도 가격제도를 두고 있다.

6.3 거래시간

우리나라 주가지수 옵션거래는 주식시장의 개장 시간인 9시에 거래를 시작하며 주식시장 종료 시점보다 15분 늦은 3시 15분에 거래가 종료된다. 이는 확정된 주가 지수에 따라 옵션 포지션을 조정할 수 있도록 하기 위함이다. 그러나 결제일에는 주식시장보다 10분 일찍 2시 50분에 거래를 종료하도록 되어 있다. 이러한 이유는 주식시장이 종료되기 전까지의 10분간 거래가격의 왜곡가능성을 배재하기 위해서이다. 근월물의 결제일의 옵션은 2시 50분에 매매가 종료되지만 다음월물의 거래는 계속 지속되며 공휴일의 경우는 거래가 되지 않는다.

6.4 거래량

매수호가와 매도호가가 일치하면 거래가 체결된다. A가 10계약 매수주문을 내고 동일한 금액으로 B가 30계약 매도주문을 내게 되면, 주문이 일치된 10계약이 이루어지는데 이 때 거래가 체결된 10계약이 거래량이 된다.

제 7 절 매매제도

7.1 행사가격

행사가격은 전날의 KOSPI 200 종가에 가장 가까운 행사가격과 2.5포인트씩 높인 행사가격 4개 그리고 2.5포인트씩 낮춘 행사가격 4개를 제시함으로써 모두 9개 행사가격을 가진 옵션이 거래된다. 단, 3, 6, 9, 12월이 결제일인 옵션은 5포인트 간격으로 5개의 행사가격이 설정된다.

예를 들어 2012년 3월 8일의 KOSPI 200 지수가 109.30이었다면 3월 9일 새로이 설정되는 9월 결제(6개월 만기)옵션 행사가격의 종류는 110.0과 115.0, 120.0 그리고 105.0, 100.0의 5개가 된다. 이후 주가의 상승 또는 하락에 따라 계속해서 새로운 행사가격의 종목이 추가 설정된다.

7.2 호가방법

호가방법은 회원인 증권회사가 각 지점의 주문내용을 증권사의 전산시스템을 이용하여 거래소 옵션거래시스템에 전달하거나 증권회사의 영업장소에 설치된 호가입력단말기에 직접 입력하는 방법을 사용한다. 호가의 내용에는 지정가 또는 시장가주문인지를 표시하는 주문유형과 매수 혹은 매도의 구분, 가격, 수량, 위탁매매 혹은 자기매매의 구분, 고객계좌번호, 투자자구분 등이 기록된다.

7.3 매매방식

우리나라의 옵션시장은 전산시스템에 의한 개별경쟁매매방식을 채택하고 있다. 매매방식에는 가격우선, 시간우선, 수량우선의 원칙이 적용된다.

가격우선의 원칙의 경우는 보통 옵션시장에서 가격이 유리한 것을 먼저 체결시키는 방법이다. 시간우선의 법칙은 말그대로 먼저 주문을 한 순서대로 시간순서대로 처리하는 원칙을 말한다. 수량우선의 원칙은 동일한 가격의 여러 주문이 존재할 때, 수량이 많은 것부터 처리하는 것을 원칙으로 하는 것이다.

7.4 매매거래 중단

증권선물거래소는 옵션거래 전산시스템에 장애가 발생하여 10분 이상 매매거래가 불가능하거나, KOSPI 200 구성종목의 절반 이상이 거래가 이루어지지 않는 경우에 옵션의 매매거래를 일시 중단할 수 있다. 또한 선물시장에서 일시적인 매매거래의 중단이 일어나는 경우 옵션시장도 거래를 중단하도록 되어 있다.

선물이나 현물의 가격이 이상급등, 또는 급락할 경우 금융시장의 안정성이 크게 흔들린다. 이때에는 사이드카나 서킷브레이커를 발동하여 선물, 옵션이나 주식의 거래를 일시 중단시켜 금융시장을 안정시키는 제도를 두고 있다.

7.4.1 사이드카(Sidecar)

사이드카는 프로그램 매매호가 관리제도의 일종으로, 주가지수선물시장에서 선물 가격이 급등락할 경우 선물시장의 충격이 현물 시장에 파급되는 것을 완화시키기 위하여 일시적으로 프로그램매매의 호가효력을 중단시키는 것이다. 선물의 거래중지와 동시에 옵션의 거래도 중지된다.

우리나라에서 사이드카의 발동요건은 KOSPI선물시장의 경우, 전날의 거래량이 가장 많았던 종목의 선물가격이 기준가격(전일종가) 대비 6% 이상 상승하거나 하락한 상태에서 코스닥스타 현물지수(선물거래대상지수)도 3% 이상 같은 방향으로 변동해 1분간 지속될 때 발동된다. 사이드카가 발동되면 주식시장의 프로그램 매매 호가가 5분간 효력이 정지된다. 5분 후에는 정상거래가 되며, 사이드카는 하루에 한 번만 쓸 수 있다. 또 주식시장 매매거래 종료 40분 전 이후, 즉 오후 2시 20분 이후에는 발동되지 않는다. 종전에는 선물가격이 6%이상 등락한 상태에서 1분간 지속될 경우 사이드카가 발동되었지만, 잦은 비현실적 경보음으로 오히려 시장을 왜곡한다는 비판을 받아온 코스닥시장의 사이드카 발동요건이 2009년 7월 6일 월요일을 기점으로 대폭 강화되었다.

다음은 2011년 12월 1일자 아주경제[2]에서 발췌한 사이드카에 대한 신문 전문이다.

> 일자: 2011년 12월 1일
> 출처: 아주경제
> (http://www.ajnews.co.kr/view_v2.jsp?newsId=20111201000551)
> 제목: 코스피 사이드카 발동…올해 5번째, 급등 사유로는 처음
>
> 외국에서 불어온 훈풍으로 코스피가 급등하면서 유가증권시장에 사이드카가 발동됐다. 한국거래소는 1일 오후 1시 37분 선물가격이 5% 이상 급등한 상태가 1분 이상 지속돼 5분간 프로그램 매수 호가 효력이 정지되는 사이드카를 발동했다고 밝혔다. 코스피200선물(최근월물)이 전일 종가 240.85포인트에서 252.95포인트로 12.10포인트(5.02%) 상승한 것이다. 프로그램매매 거래규모는 9914억원의 순매수였으며, 사이드카는 발동 5분 후인 오후 1시 42분 자동으로 해제됐다. 유가증권시장의 사이드카 발동은 올들어 5번째로, 급등에 따른 사이드카 발동 사례은 올해들어 처음이다.

7.4.2 서킷브레이커(Circuit Breaker)

종합주가지수가 직전 매매거래일보다 10% 이상 하락하여 1분간 지속되는 경우에는 주식시장의 모든 매매거래를 중단시키며 옵션의 거래도 중지되는 제도를 **서킷브레이커**라고 한다. 서킷

[2] http://www.ajnews.co.kr

브레이커가 발동되면 20분 동안 시장 내 호가접수와 채권시장을 제외한 현물시장과 연계된 선물·옵션시장도 호가접수 및 매매거래를 중단한다. 서킷 브레이커가 발동된 후 20분이 지나면 매매거래를 재개되는데 이 때 시작가격은 재개시점부터 10분 동안 호가를 접수하여 단일가로 매매를 체결하여 거래가 다시 시작된다. 사이드카와 마찬가지로 하루에 1회만 발동할 수 있고, 장 종료 40분전 이후에는 발동하지 않는다.

다음은 2011년 11월 2일 머니투데이[3]에 발췌된 서킷브레이커에 관한 신문 전문이다.

> 일자: 2011년 11월 2일
> 출처: 머니투데이 구경민 기자
> (http://www.mt.co.kr/view/mtview.php?type=1&no=2011110213531990985&outlink=1)
> 제목: 코스닥 스타지수선물, 서킷브레이커 발동
>
> 코스닥시장에서 스타지수선물 거래를 일시 중단시키는 서킷브레이커(CB)가 발동됐다. 한국거래소는 2일 코스닥 스타지수선물 급변으로 오후 1시41분부터 46분까지 5분간 스타지수선물과 스타지수선물스프레드 거래를 중단시키는 서킷브레이커가 발동됐다. 발동 이후에는 거래가 재개되면서 10분간 호가를 접수한 뒤 단일가 거래가 진행된다. 서킷브레이커는 스타지수선물의 약정가격이 기준가격보다 6% 이상 높고, 선물중단 이론가격보다 3% 이상 높은 상태가 동시에 1분간 지속될 때 발동된다.

제 8 절 결제 및 수탁제도

8.1 기본예탁금

투자자는 KOSPI 200 선물.옵션 계좌를 개설한 후 최초의 매매주문을 하기 전에 기본예탁금 500만원 이상을 예탁하여야 한다.

8.2 매매거래의 주문

투자자는 주문표를 직접 작성하거나 전화, 컴퓨터 등을 사용하여 매매거래의 주문을 할 수 있다.

[3]http://www.mt.co.kr

8.3 위탁증거금

KOSPI 200 옵션 시장의 증거금 제도는 포트폴리오 위험 기준이다. 증거금이란 결제불이행의 사태를 미연에 방지하기 위한 것이다. 옵션 매도의 경우 증거금은 하루 동안 KOSPI 200지수가 ±15% 변동한다고 가정했을 때 발생할 수 있는 최대손실을 기준으로 계산한다. 투자자가 증권회사에 신규 매매거래를 위탁할 때에는 예탁금이 투자자의 거래위험 수준에 따라 산출되는 위탁증거금 이상이어야 한다. 위탁증거금은 신규의 매매거래와 기보유 포트폴리오에 대한 위탁증거금을 각각 산출하여 합산한 금액으로 한다.

신규의 매매거래에 대한 위탁증거금은 옵션매수의 경우 매수대금(계약수×옵션가격×10만원), 옵션매도의 경우 매도옵션 위탁증거금[계약수×(동일 종목의 최대이론가격 − 전일종가)×10만원]을 각각 합산하여 계산한다.

8.4 옵션거래대금의 결제

옵션을 거래하는 경우 거래가 발생한 다음날 결제를 하게 된다. 결제대금은 투자자가 증권회사에 개설한 옵션거래계좌를 통해 자동적으로 이루어진다. 권리행사 만기까지 전매나 환매되지 않은 미결제약정은 행사가치가 있는 옵션의 경우 권리가 행사되고, 옵션의 매도자는 옵션의 매수자에게 권리행사가격과 결제가격의 차이에 10만원을 곱한 금액을 지불하게 된다.

또한 매매종료 후 위탁증거금에서 손실을 차감한 금액이 옵션의 미결제약정에 대한 유지증거금에 미달하는 경우 그 차액을 다음날 12시까지 증권회사에 추가로 납부해야 한다. 만약 기한까지 납부하지 않을 경우 증권회사는 임의로 반대매매를 하거나 예탁된 대용증권을 매각할 수 있다.

8.5 미결제약정 수량의 관리

미결제약정이란 옵션거래가 성립된 이후 만기일까지 반대매매, 권리행사, 또는 최종결제 등으로 청산되지 않은 약정을 말한다. 매수 미결제 약정을 보유하고 있는 것을 "매수 포지션(Long Position)을 취하고 있다." 라고 말하고 매도 미결제 약정을 보유하고 있는 것을 "매도 포지션(Short Position)을 취하고 있다." 라고 말한다. 이러한 포지션을 가지고 옵션의 여러 가지 옵션 투자전략을 구성할 수가 있다.

8.6 위탁수수료

증권회사는 투자자의 위탁주문에 대한 매매거래가 성립하거나 최종결제 또는 권리행사에 의한 결제가 발생한 때 투자자로부터 증권회사가 정한 위탁수수료를 징수한다.

구입한 옵션을 만기일까지 보유하지 않고, 도중에 반대 매매하여 손익을 확정짓는 것이 중간 정산입니다.

8.7 KOSPI 200 옵션 시세표 읽는 법

그림 2.5는 야후금융 옵션시세에서 발췌한 것으로, 다음의 사이트를 방문하여 정보를 얻었다. (http://kr.stock.yahoo.com/sise/idx202.html)

옵션

옵션 현재가 | 만기월별 현재가 　　　 만기년월 2012.02

구분	현재가	전일비	등락률	시가	고가	저가
KOSPI 200	255.00	▼ 0.21	-0.08%	255.45	257.88	254.58
코스피200 F 201203	256.95	▼ 0.30	-0.11%	257.50	259.60	256.40

CALL옵션					행사가격	PUT옵션				
약정수량	매도가	매수가	전일비	현재가		현재가	전일비	매수가	매도가	약정수량
713,507	0.11	0.10	▼0.03	0.11	272.50	16.70	▲0.05	16.05	16.85	131
642,942	0.20	0.19	▼0.06	0.19	270.00	14.25	▼0.05	13.70	14.25	83
811,658	0.36	0.35	▼0.10	0.35	267.50	11.65	▼0.25	11.60	11.70	4,749
965,211	0.63	0.62	▼0.15	0.63	265.00	9.40	▼0.40	9.35	9.45	7,294
971,325	1.09	1.08	▼0.23	1.09	262.50	7.45	▼0.35	7.35	7.40	18,706
1,109,994	1.80	1.79	▼0.29	1.79	260.00	5.70	▼0.30	5.65	5.75	49,885
196,602	2.81	2.80	▼0.20	2.80	257.50	4.20	▼0.15	4.20	4.25	68,336
74,864	4.20	4.15	▼0.10	4.15	255.00	3.00	▼0.40	3.00	3.05	599,935
31,142	5.80	5.75	▼0.05	5.75	252.50	2.14	▼0.25	2.14	2.15	665,524
10,646	7.60	7.55	▼0.30	7.60	250.00	1.49	▼0.24	1.49	1.50	682,879
1,657	9.80	9.70	▼0.15	9.75	247.50	1.02	▼0.25	1.01	1.02	523,359
1,793	11.80	11.65	▼0.15	11.70	245.00	0.69	▼0.16	0.69	0.70	572,924
340	14.75	13.90	▼0.30	13.90	242.50	0.47	▼0.14	0.46	0.48	376,999
270	17.00	16.25	▼0.20	16.35	240.00	0.33	▼0.10	0.33	0.34	282,389
152	19.00	18.60	0.00	18.90	237.50	0.23	▼0.08	0.23	0.24	198,906
38	21.25	21.15	0.00	21.15	235.00	0.17	▼0.06	0.16	0.17	238,153
7	25.15	24.70	▲1.45	25.05	232.50	0.12	▼0.05	0.12	0.13	126,672
64	26.25	25.75	▲0.20	26.25	230.00	0.10	▼0.03	0.09	0.10	140,997
28	30.20	28.55	▲0.05	28.65	227.50	0.08	▼0.03	0.07	0.08	115,237
102	31.05	30.90	▼0.10	30.90	225.00	0.06	▼0.03	0.05	0.06	103,394
0	0.00	0.00	0.00	33.50	222.50	0.05	▼0.01	0.04	0.05	44,170
2	37.20	36.10	▲0.50	36.20	220.00	0.04	▼0.01	0.03	0.04	86,313
2	39.60	38.50	▲0.05	38.60	217.50	0.03	▼0.01	0.02	0.03	13,211
65	41.50	41.30	▲0.65	41.50	215.00	0.02	▼0.01	0.02	0.03	18,127

그림 2.5: KOSPI 200, 현재 2012년 1월 31일에서의 2012년 2월 옵션 시세표

이제, 그림 2.5을 보면서 각각의 용어들의 의미를 정리해보자.

- 현재가 (255.00) : 현재 지수
- 전일비 (▼ 0.21) : 전일 종가에 비교한 값으로 (현재가 - 전일종가)
- 전일지수는 $255.00 + 0.21 = 255.21$

- 등락률 (0.08%) : 전일 종가를 기준으로 오르고 내린 정도로

$$\frac{\text{전일비}}{\text{전일종가}} \times 100\% = \frac{0.21}{255.21} \times 100\% = 0.0823\%$$

- 시가 (255.25) : 당일 최초로 형성된 지수
- 고가 (257.88) : 하루 중 가장 높은 지수
- 저가 (254.58) : 하루 중 가장 낮은 지수
- 행사가격 (255.00) : 옵션매입자가 만기일 또는 그 이전에 권리를 행사할 때 적용되는 가격

행사가격(255.00)에 대한 콜옵션 매수가는 4.15이다. 예를 들어, A가 3계약 매수주문을 내고 같은 금액으로 B가 5계약 매도주문을 내게 되면, 주문이 일치된 3계약이 거래로 이루어지고 체결된 3계약이 거래량이 된다.

∗ 이 장의 주요용어

∘ 파생금융상품

∘ 유러피언 콜옵션

∘ 프리미엄

∘ 옵션만기일

∘ KOSPI 200

∘ 사이드카

∘ 서킷브레이커

∘ 위탁증거금

연습문제 2

1. 100만원이 주어졌을때 근월물 콜옵션에 전액 투자를 하는 포트폴리오를 작성하시오.

2. 근월물 만기가 지난후 수익률을 계산하시오.

3장

MATLAB 기초

MATLAB(www.mathworks.com)은 미국의 Math Works에서 만들어진 프로그램으로, 1984년도에 소개된 이후로 오늘날 전 세계 50만 이상이 사용하고 있다. MATLAB은 `MATrix+LABoratory`로서 행렬을 기본으로 최적화되어진 프로그램으로 알고리즘 개발, 데이터 수치분석이나 시각화를 위한 컴퓨터 언어이다. C언어에 비해 사용하기가 편리하다는 장점이 있으나 실행속도가 느리다는 단점을 안고 있다.

새로운 장외파생상품들의 출현으로 주로 공학계통에서 사용되던 MATLAB은 편리한 사용방법으로 최근 모델링을 위한 프로그래밍 언어로 인기를 얻어가고 있으며 이 책에서도 모든 코드는 MATLAB언어로 구현하였다.

특히 MATLAB의 Financial Derivatives Toolbox는 금융 데이터 분석, 모델링, 시뮬레이션 및 최적화를 위한 MATLAB 및 툴박스로 더 자세한 내용은 홈페이지를 참조하기 바란다.

제 1 절　MATLAB 기초

1.1　MATLAB 자료입력

```
>> a = 1
a = 1
```

: a에 1 대입

```
>> b=[1 2 3]
b =
```

```
     1     2     3
```

: b는 1행3열 행렬 (1×3)

```
>> b=[1;2;3]
b =
     1
     2
     3
```

: b는 3행1열 행렬 (3×1)

```
>> c=b
c =
     1
     2
     3
```

: c는 b와 같은 행렬이 된다.

```
>> c=b'
c =
     1     2     3
```

: c는 b의 전치(transpose)행렬이 된다.

```
>> A=[1 2 3;4 5 6;7 8 9]
A =
     1     2     3
     4     5     6
     7     8     9
```

: A는 3행 3열 행렬이 된다.

```
>> A'
ans =
     1     4     7
```

```
     2     5     8
     3     6     9
```

: A'는 A의 전치(transpose)행렬이 된다.

```
>> a=1;b=2,c=3;
b =
     2
```

: $a = 1$, $b = 2$, $c = 3$값이 대입되지만 세미콜론(;)이 붙은 a와 c는 화면에 출력 되지 않고 ;이 붙지 않은 b만 화면에 출력된다.

```
>> d=[1 2 3;4 5 6]
d =
     1     2     3
     4     5     6
```

: d는 2행 3열의 행렬이 된다.

```
>> d(1,3)
ans =
     3
```

: d의 1행 3열 원소값을 보여준다.

```
>> d(2,3)
ans =
     6
```

: d의 2행 3열 원소값을 보여준다.

```
>> 2*3
ans =
     6
```

: 2×3의 계산값을 보여준다.

```
>> ans
ans =
     6
```

: 마지막으로 계산된 ans값을 보여준다. ans는 마지막 값을 가지고 있다.

```
>> ans+6
ans =
    12
>> clear
```

: 마지막으로 계산된 ans값에 +6 연산을 한다. 이 후, `clear`하면 ans값은 사라진다.

```
>> b=[1 2 3];
>> b.^2
ans =
     1     4     9
>> b.^3
ans =
     1     8    27
```

: 행렬 b를 먼저 정의한 후(세미콜론(;)을 붙였으므로 출력은 되지 않는다.) b의 각 원소를 제곱 또는 세제곱을 한다. 행렬의 각 원소를 제곱하기 위해서는 `.`을 `^`연산자 앞에 붙여야 한다.

```
>> a=[7 8 9];
>> a.*b
ans =
     7    16    27
```

: a행렬의 각 원소와 b행렬의 각 원소를 곱한다. 즉, $[1\times7\ \ 2\times8\ \ 3\times9]$을 실행하여, [7 16 27]의 결과를 얻게 된다.

```
>> a*b'
ans =
    50
```

: a행렬과 b행렬의 transpose행렬의 원소를 각각 곱하여 더한다. 즉, a행렬과 b행렬의 내적(inner product)과 같다.

```
>> zeros(1,3)
ans =
     0     0     0
```

: 각 원소 값들이 0인 1행 3열 행렬을 만든다.

```
>> a=zeros(4,5)
a =
     0     0     0     0     0
     0     0     0     0     0
     0     0     0     0     0
     0     0     0     0     0
```

: a는 각 원소 값들이 0인 4행 5열 행렬이 된다.

```
>> a=2, A = 3;
>> a
a =
     2
```

: MATLAB은 대소문자를 구분한다.

```
>> A=[1 2 3;4 5 6;7 8 9];
>> sum(A)
ans =
    12    15    18
```

: A행렬의 각 열의 원소들의 합.

```
>> sum(A')
ans =
     6    15    24
```

: A행렬의 각 행의 원소들의 합. 즉, A의 transpose행렬의 각 열의 원소들의 합.

```
>> sum(sum(A))
ans =
    45
```

: sum(A)의 각 원소들의 합.

```
>> b=[1 2 3];
>> sum(b)
ans =
    6
```

: b행렬의 각 원소들의 합.

```
>> A=[1 2;3 4]
A =
     1     2
     3     4
>> B=[5 6;7 8]
B =
     5     6
     7     8
```

: A행렬과 B행렬의 정의

```
>> A+B
ans =
     6     8
    10    12
```

: A행렬과 B행렬의 각 원소들의 합.

```
>> A-B
ans =
    -4    -4
    -4    -4
```

: A행렬과 B행렬의 각 원소들의 차.

```
>> ones(2,2)
ans =
     1     1
     1     1
```

: 원소의 값이 1인 2×2 행렬을 만든다.

```
>> A+2
ans =
     3     4
     5     6
```

: A행렬의 각 원소에 2씩 더한 값.

```
>> A+2*ones(2,2)
ans =
     3     4
     5     6
```

: A2+연산 결과와 같다.

```
>> size(A)
ans =
     2     2
```

: size로 특정한 변수의 크기를 알 수 있다.

1.2 MATLAB 기본 연산

다음은 각각의 행렬에 대한 사칙연산이다.

MATLAB 명령어	연산 의미
`A*B`	$AB = \begin{pmatrix} 1 & 2 \\ 3 & 4 \end{pmatrix} \begin{pmatrix} 5 & 6 \\ 7 & 8 \end{pmatrix} = \begin{pmatrix} 19 & 22 \\ 43 & 50 \end{pmatrix}$
`A/B` or `A*inv(B)`	$AB^{-1} = \begin{pmatrix} 1 & 2 \\ 3 & 4 \end{pmatrix} \begin{pmatrix} -4 & 3 \\ 3.5 & 2.5 \end{pmatrix} = \begin{pmatrix} 3 & -2 \\ 2 & -1 \end{pmatrix}$
`A\B` or `inv(A)*B`	$A^{-1}B = \begin{pmatrix} -2 & 1 \\ 1.5 & -0.5 \end{pmatrix} \begin{pmatrix} 5 & 6 \\ 7 & 8 \end{pmatrix} = \begin{pmatrix} -3 & -4 \\ 4 & 5 \end{pmatrix}$
`A^2` or `A*A`	$A^2 = \begin{pmatrix} 1 & 2 \\ 3 & 4 \end{pmatrix} \begin{pmatrix} 1 & 2 \\ 3 & 4 \end{pmatrix} = \begin{pmatrix} 7 & 10 \\ 15 & 22 \end{pmatrix}$

위에서 행렬과 행렬사이에 사용한 * 연산자는 내적(Inner Product)연산자이다. 따라서 곱하는 두 행렬의 크기가 $(n, m) \times (m, k) = (n, k)$이어야 한다. 또한 / 연산자는 역행렬을 곱하는 것으로 연산하고자 하는 두 행렬의 크기는 같으며 정방행렬이어야 한다. 이제 위에서 본 연산자 앞에 .을 찍으면 어떤 결과가 나오는지 살펴보자.

MATLAB 명령어	연산 의미
`A.*B`	$\begin{pmatrix} 1\cdot 5 & 2\cdot 6 \\ 3\cdot 7 & 4\cdot 8 \end{pmatrix} = \begin{pmatrix} 5 & 12 \\ 21 & 32 \end{pmatrix}$
`A.^B`	$\begin{pmatrix} 1^5 & 2^6 \\ 3^7 & 4^8 \end{pmatrix} = \begin{pmatrix} 1 & 64 \\ 2187 & 65536 \end{pmatrix}$

연산자 앞에 .이 붙게 되면 행렬의 같은 위치에 있는 각각의 원소끼리 연산을 수행하라는 의미이다. 원소끼리의 연산이므로 반드시 두 행렬의 크기는 정확하게 일치해야 한다.

이제 행렬의 일부나 전체를 불러오는 표현을 배워보자. 간단하게

```
>> A = [1 1 1 1; 2 2 2 2; 3 3 3 3; 4 4 4 4]
A =
     1     1     1     1
     2     2     2     2
     3     3     3     3
     4     4     4     4
>> A(2, 1:4)
```

```
ans =
     2     2     2     2
>> A(2, 1:end)
ans =
     2     2     2     2
>> A(2,:)
ans =
     2     2     2     2
```

위의 MATLAB 코드에서 볼 수 있듯이 세 개의 표현은 모두 동일한 표현임을 알 수 있을 것이다. 모두 A 행렬의 2행의 1열부터 끝까지의 원소를 나열하라는 것으로, 여기서 사용된 `end`은 행렬의 크기의 끝을 나타내며, :은 행렬에서 전체를 나타내는 표현이다.

MATLAB의 나머지 연산인 `mod`에 대하여 알아보자. 예를 들어,

$$10 = (-4) * (-3) - 2$$

의 계산을 MATLAB에서 `mod`을 사용하면, 다음의 결과를 출력하게 된다.

```
>> mod(10, -4)
ans =
    -2
```

1.3 MATLAB 기타명령어

항목	명령어	기능
명령어 나열	,	두 개 이상의 명령어를 한 줄에 표현하려면 콤마(,)를 이용하여 구분

줄넘기기	...	명령어가 너무 길어 다음 줄로 넘어가고 싶을 때 사용 (Command Window에서도 사용가능)
		
		(예) `plot(x,y,'--rs','LineWidth',2,...`
		`'MarkerEdgeColor','k',...`
		`'MarkerSize',10)`

출력여부	;	Command Window상에서 명령어를 실행하면 화면에 결과가 출력되지만, 세미콜론(;)을 입력하여 실행하면 출력되지 않고 workspace에만 저장된다. (예) `>> a=1;b=2;c=3;`
주석	%	명령어의 앞에 %를 입력하면 주석으로 처리된다.
화면정리	clc	clc 명령어를 입력하고 엔터를 치면 Command Window에 표시되었던 모든 내용들이 지워짐
화면정리	clf	clf 명령어를 입력하고 엔터를 치면 Figure에 나타난 모든 그림이 지워짐
변수삭제	clear	변수 및 배열에 할당된 값들 모두 삭제. (whos로 확인 가능) • 모든 변수를 삭제 : `clear all` • 특정 변수만을 삭제 : `clear 특정변수`

<table>
<tr><th>항목</th><th>명령어</th><th>기능</th></tr>
<tr><td>변수나열</td><td><code>whos</code></td><td>사용중인 모든 변수들의 size를 보여준다.
<pre>
>> whos
 Name Size Bytes Class Attributes
  a   1x3   24 double
  ans 1x3   24 double
  b   1x3   24 double
  c   1x1   8 double
  d   2x3   48 double
>> whos a
 Name Size Bytes Class Attributes
  a   1x3   24 double
</pre></td></tr>
<tr><td>실행종료</td><td><code>exit</code>
<code>quit</code></td><td>MATLAB 종료</td></tr>
</table>

제 2 절 M-file 만들기

MATLAB을 이용하여 원하는 기능을 수행하는 방법은 크게 두 가지로 구분된다.

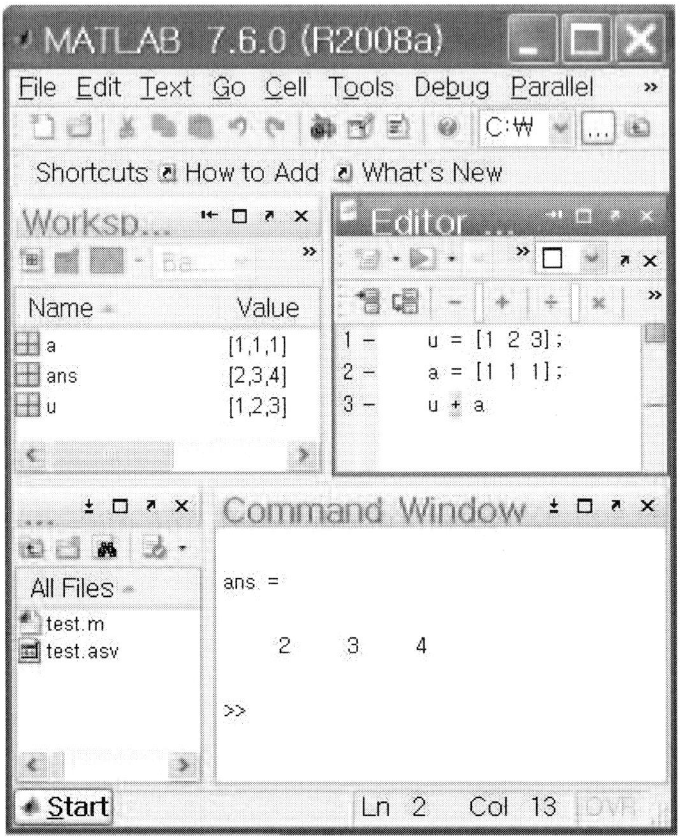

그림 3.1: MATLAB창

첫 번째는 Command Window에 직접 명령어를 입력하는 방법이고, 두 번째는 Script파일을 이용하는 것이다.

MATLAB에서 사용하는 파일을 보통 M-file이라고 부르며 파일의 확장자는 .m으로 저장된다. 이러한 M-file은 스크립트에 있는 명령어들이 차례대로 Command Window에서 실행될 수 있도록 한다. 실제로 M-file을 만들어 보자.

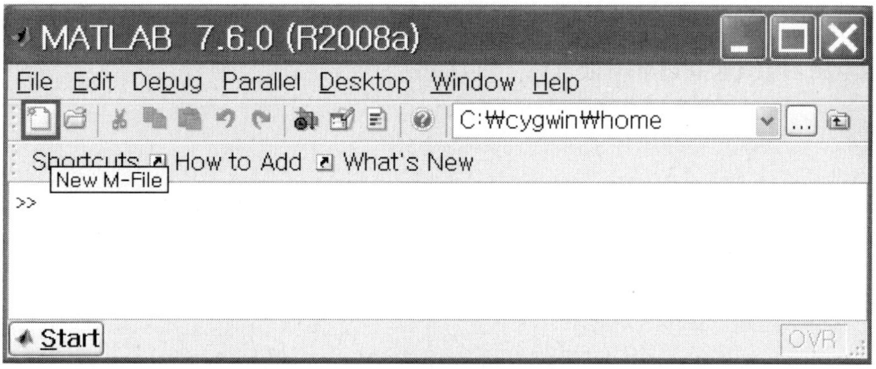

New M-file 버튼을 누르면 m-file이 만들어진다.

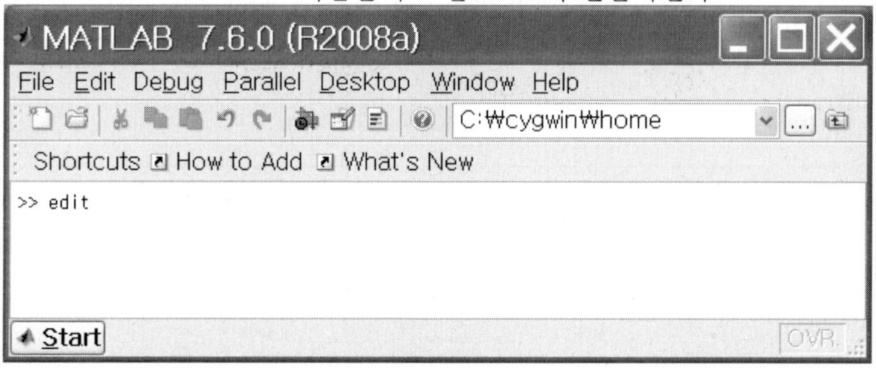

Command Window 에 edit이라고 쓰면 m-file이 생성된다.

메뉴에서 File → New → M-File을 클릭해도 좋다. 이제 만들어진 Editor에 원하는 명령어를 순서대로 쓰고, Save and Run을 하기 위해 단축키인 F5를 누르자.

```
a = 1;
b = 2;
c = a+b
```

위의 문장을 Editor에 적어 넣고, 단축키 F5를 누르자. 파일이름은 원하는 이름으로 쓰고 저장하면 원하는 결과를 얻을 수 있게 된다.

제 3 절 for ~ end 문

'for' 문은 'end'문과 짝을 이루어 사용된다. 'for'문과 같은 행에 있는 변수의 값을 초기값부터 증분의 크기만큼 누적시키면서 최종값에 도달된 때까지 'for'문과 'end'문 사이 문장의 명령을 수행한다. 증분이 '1'인 경우에는 '증분:'을 생략해도 무방하다.

```
for 변수명=초기값:(증분:)최종값
    문장
end
```

[예제] for ∼ end 프로그램

```
for x=0:0.5:1
  a=2^x
end for k=5:-2:1
  b=k
end
```

[프로그램 실행결과]

```
a = 1 a = 1.4142 a = 2 b = 5 b = 3 b = 1
```

제 4 절 if ∼ else ∼ end 문

여러 가지 조건에 따라 각각 다른 명령을 실행하고자 할 때, 'if ∼ else ∼ end 문'을 사용한다. 아래보기처럼 **조건 1**이 참이면 **문장 1**이 수행되고, **조건 1**이 모두 거짓이면, loop를 빠져 나와서 **문장 2**가 수행된다.

```
if 조건 1
  문장 1
else
  문장 2
end
```

[예제] if ∼ else ∼ end 문 프로그램

```
a=3; if a<1
    b=a+1
else
    c=a+2
end
```

[프로그램 실행결과]

```
c = 5
```

제 5 절 while ∼ end 문

'while'문은 'end'문과 짝을 이루어 사용된다. 'while'문과 같은 행에 있는 조건이 참이면 'while'문과 'end'문 사이에 있는 문장의 명령을 반복적으로 수행한다.

```
while 조건
    문장
end
```

[예제] **while ∼ end 문 프로그램**

```
a=1; while a<4
    a=a+1
end
```

[프로그램 실행결과]

```
a =  2 a =  3 a =  4
```

제 6 절 linspace 문

'linspace'는 a와 b사이의 간격이 동일한 n개의 벡터를 만드는 데 사용한다. 다음과 같이 이용하며 이에 대한 예제를 살펴보자.

linspace(a,b,n)

linspace(시작점,끝점,점의 총수)

[예제] **linspace 문 프로그램**

```
x = linspace(0,5,6) y = linspace(-1,1,5)
```

[프로그램 실행결과]

```
x =   0    1    2     3    4    5 y =  -1  -0.5   0    0.5   1
```

제 7 절 plot 문

실행결과를 2차원 그래프로 나타내고자 할 때 사용된다. 'plot'문을 사용하기 위해서 2개의 변수가 필요하며 각 변수는 같은 크기의 1차원 배열(벡터)이어야 한다.

- `plot(X,Y)`
  x축은 X, y축은 Y를 값으로 갖는 2차원 그래프를 보여준다.

- `plot(Y)`
  x축의 값을 주지 않으면 default로 x축은 index값을, y축은 Y를 값으로 하는 2차원 그래프를 보여준다

- `plot(X,Y,S))`
  S는 선의 종류, 심볼(symbol) 또는 색을 나타낼 수 있는 옵션값이다.(자세한 내용은 표 7 참고.)

- `plot (X1,Y1,S1,X2,Y2,S2,X3,Y3,S3,...)`
  X,Y가 벡터나 배열일 때 여러 값들을 한 번에 같이 나타낼 수 있다.

색상		모양		라인	
b	Blue	.	Point	-	Solid
g	Green	o	Circle	:	Dotted
r	Red	x	x mark	-.	Dashdot
c	Cyan	+	Plus	–	Dashed
m	Magenta	*	Star	(none)	No line
y	Yellow	s	Square		
k	Black	d	Diamond		
w	white	v	Triangle(down)		
		^	Triangle(up)		

그림 3.2: Plot 명령어의 옵션

예를 들어, `plot(x,sin(x),'k--',x, cos(x),'ko')`를 실행하면, 다음 결과를 얻게 된다. 이는 y축의 값을 $\sin(x)$, $\cos(x)$로 하는 두 개의 그래프를 나타내며, 첫번째 $\sin(x)$는 검은 색의

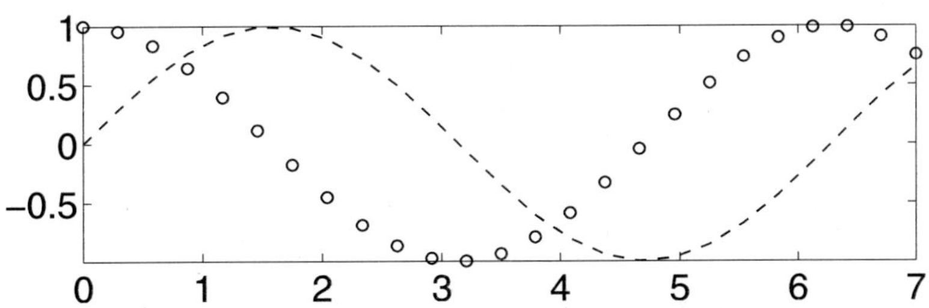

그림 3.3: plot문 옵션을 이용한 프로그램 실행결과

점선으로, $\cos(x)$는 검은색 원으로 표현된다. (그림 3.3 참고)

[예제] plot 문 프로그램

```
for i=1:21
    x(i)=0.1*(i-1);
    y(i)=x(i)^2;
end plot(x,y) title('Graph of y=x^2') xlabel('X') ylabel('Y') grid
```

[프로그램 실행결과]

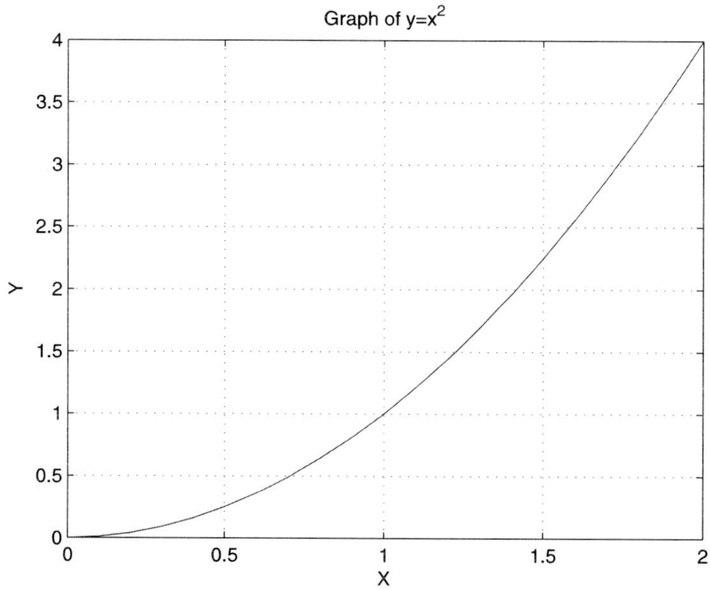

그림 3.4: plot문 프로그램 실행결과

제 8 절 MATLAB에서 함수 만들기

MATLAB에서 자주 쓰는 MATLAB 코드의 경우는 매번 코드를 작성할 때 계속해서 반복해서 쓰는 것 보다 함수로 만들어서 따로 저장하게 되면 필요할 때마다 계속해서 반복하여 사용할 수 있게 되어 MATLAB 코드를 작성할 때 보다 쉽게 작성할 수 있다. 그럼 함수를 쓰는 방법에 대해서 알아보도록 하자.

```
function  결과=함수이름(입력변수 A, 입력변수 B, ··· )
    코드
end
```

다음 예제는 $x^2 + 4x + 4 = 0$의 방정식의 해를 근의 공식을 이용하여 구하는 함수로 만든 MATLAB 코드이다.

```
function ans=sol_eq(a,b,c)
    x1= (-b+sqrt(b^2-4*a*c))/2*a;
    x2= (-b-sqrt(b^2-4*a*c))/2*a;
    ans=[x1 x2];
end
```

이제 MATLAB 명령어창에서 아래와 같이 입력을 하면 위의 방정식의 해가 -2, -2가 나옴을 알 수 있다.

```
>> sol_eq(1,4,4)
ans =     -2     -2
```

연습문제

1. 이차함수 $y = 2x^2 + 4x - 5$의 꼭짓점의 좌표를 구하는 MATLAB 함수를 만들어 보아라.

4장

확률미분방정식(Stochastic Differential Equation)

금융문제와 같이 시간과 연동된 변동성을 가진 수학적 모델링을 하기 위해서는 우리가 익히 알고 있는 편미분방정식으로 푸는 것이 훨씬 편하지만 편미분방정식을 유도하기가 쉽지 않다. 이 경우에는 확률미분방정식을 이용하여 모델링을 구현할 수 있는 데 이번 장에서는 확률미분방정식에 대하여 알아보고 그리고 그 확률미분방정식에 쓰이는 확률과정인 브라운 운동, Itô 적분과 Itô 공식에 대해서 알아보도록 하자.

제 1 절 확률미분방정식의 소개

확률미분방정식은 주가 모형과 같은 변동성이 심하는 모델의 문제를 풀고자 할 때 쓰이는 방정식인데 주가 모형을 예로 들어보도록 하자. 흔히 주가 모형은 크게 2가지가 있는 데, 안전한 투자를 하는 Safe investment와 위험요소를 포함하고 있는 투자인 risky investment로 나뉜다. Safe investment는 보통 은행이나 채권 같은 일정한 이율을 가진 모델을 말하며 은행 적금을 예로 들면 t시점의 가치를 $B(t)$, 연이율 r인 적금의 변화율은

$$\frac{dB}{dt} = rB, \quad B(0) = B_0$$

으로 미분방정식을 만들 수 있다. 여기서 아래와 같은 해를 구할 수 있다.

$$B(t) = B_0 e^{rt}$$

2번째 risky investment의 경우는 주가나 환율과 같은 변동성이 심한 문제를 모델화 시키고자 할 때 쓰이게 된다. 주가 모형을 예로 들면 t시점의 주가를 $S(t)$라 하면 주가 $S(t)$는 시간에

따라 불규칙적으로 움직이기 때문에 그에 따른 새로운 함수 $a(t)$를 놓고 아래 식(4.1)을 도입할 수가 있다.

$$\frac{dS}{dt} = a(t)S(t), \quad a(t) = r(t) + \text{"}\mathbf{noise}\text{"}$$

위 식을 정리하게 되면 아래와 같은 식을 유도할 수가 있다.

$$dS(t) = rS(t)dt + \sigma S(t)dW(t) \tag{4.1}$$

여기서 $\sigma S(t)dW(t)$ 을 **noise** 부분이라 말하고 **noise** 부분을 들어간 미분방정식을 **확률미분방정식**(Stochastic Differential Equation)이라고 한다. 확률미분방정식에서 $rS(t)dt$를 'drift' 부분이라 하고 **noise** 부분인 $\sigma S(t)dW(t)$를 'diffusion'부분이라 한다. 방정식을 풀기 위해서는 이 **noise** 부분을 풀어야 하는데 이 부분은 브라운 운동이라고 하는 확률과정을 이용하게 된다. 그렇기 때문에 확률미분방정식의 기초가 되는 브라운 운동에 대해서 알아볼 것이다. 그 전에 브라운 운동에 기반이 되는 기본적인 확률론에 대해서 알아보도록 하자.

제 2 절 확률미분방정식에서 필요한 확률론

확률론에서 분포함수는 두 가지로 나누어 지는데 이산확률변수를 가질 경우 확률분포함수를 확률질량함수(Probability Mass Function, PMF)라고 하고, 연속확률변수를 가지는 확률분포함수를 확률밀도함수(Probability Density Function, PDF)라 한다. 우리는 여러 확률밀도함수가 있지만 금융에서 쓰이는 확률밀도함수는 정규분포를 위주로 쓰이기 때문에 정규분포에 대해서 알아보고자 한다.

여기서 평균이 μ, 표준편차가 σ인 정규분포(Normal Distribution) 를 따르는 확률변수 $X \sim N(\mu, \sigma^2)$의 확률밀도함수 $f(x)$는 다음과 같다.

[정리]

만일 $X \sim N(\mu, \sigma^2)$일 때, 평균, 분산, 표준편차는 다음과 같다.

$$\begin{aligned}
E[X] &= m = \int_{-\infty}^{\infty} xf(x)dx \\
&= \int_{-\infty}^{\infty} \frac{1}{\sqrt{2\pi}\sigma} xe^{-\frac{(x-\mu)^2}{2\sigma^2}} dx \\
Var[X] &= \int_{-\infty}^{\infty} (x-m)^2 f(x)dx \\
&= \int_{-\infty}^{\infty} \frac{1}{\sqrt{2\pi}\sigma} (x-m)^2 e^{-\frac{(x-\mu)^2}{2\sigma^2}} dx \\
\sigma[x] &= \sqrt{Var[X]}
\end{aligned}$$

특히, 서로 다른 평균과 표준변차를 가지는 정규분포를 따르는 확률변수의 경우 비교하기가 쉽지가 않기 때문에 이런 경우에는 동일한 평균과 표준편차를 따르게 만들 필요가 있다. 이러한 과정을 표준화 과정이라고 하고 표준화 과정은 다음 식(4.2)에 의해서 정규분포를 따르는 확률변수 X를 평균 $\mu = 0$이고 표준편차 $\sigma = 1$인 정규분포를 따르는 확률변수 Z로 고칠 수가 있다.

$$Z = \frac{X - m}{\sigma} \tag{4.2}$$

이 Z가 따르는 정규분포를 표준정규분포(Standard Normal Distribution이라고 하고 간단히 $Z \sim N(0,1)$로 나타낸다. 아래는 표준정규분포의 확률밀도함수는 다음과 같다.

$$f(x) = \frac{1}{\sqrt{2\pi}} e^{-\frac{x^2}{2}}$$

[정리]

만일 $X \sim N(\mu, \sigma^2)$이면, 다음 식들이 성립한다.

$$\begin{aligned}
E[X] &= \mu \\
Var[X] &= \sigma^2 \\
M_X(t) &= \exp\left(\mu t + \frac{\sigma^2}{2} t^2\right)
\end{aligned}$$

(증명) 다음 식을 정의하자.

$$M_X(t) = \int_{-\infty}^{\infty} \frac{1}{\sqrt{2\pi}\sigma}\exp\left(tx - \frac{(x-\mu)^2}{2\sigma^2}\right)dx.$$

이 식에서 exp(·) 함수의 지수 항은 다음 식을 만족한다.

$$tx - \frac{(x-\mu)^2}{2\sigma^2} = -\frac{1}{2\sigma^2}\left(x - (\sigma^2 t + \mu)\right)^2 + \mu t + \frac{\sigma^2}{2}t^2.$$

여기서 $y = x - (\sigma^2 t + \mu)$라고 하자. 그러면, 다음 식을 만족한다.

$$\int_{-\infty}^{\infty} \frac{1}{\sqrt{2\pi}\sigma}\exp\left[-\frac{\{x-(\sigma^2 t+\mu)\}^2}{2\sigma^2}\right]dx = \int_{-\infty}^{\infty} \frac{1}{\sqrt{2\pi}\sigma}\exp\left(-\frac{y^2}{2\sigma^2}\right)dy.$$

이제 I를 다음과 같이 정의하자.

$$I = \int_{-\infty}^{\infty} \frac{1}{\sqrt{2\pi}\sigma}\exp\left(-\frac{y^2}{2\sigma^2}\right)dy.$$

따라서,

$$\begin{aligned} I^2 &= I\cdot I = \int_{-\infty}^{\infty} \frac{1}{\sqrt{2\pi}\sigma}\exp\left(-\frac{x^2}{2\sigma^2}\right)dx \int_{-\infty}^{\infty} \frac{1}{\sqrt{2\pi}\sigma}\exp\left(-\frac{y^2}{2\sigma^2}\right)dy \\ &= \int_{-\infty}^{\infty}\int_{-\infty}^{\infty} \frac{1}{2\pi\sigma^2}\exp\left(-\frac{x^2+y^2}{2\sigma^2}\right)dxdy. \end{aligned}$$

극좌표로 변형시키기 위하여, $x = r\cos\theta,\ y = r\sin\theta$라고 두자. 그러면,

$$\begin{aligned} I^2 &= \int_0^{2\pi}\int_0^{\infty} \frac{1}{2\pi\sigma^2}\exp\left(-\frac{r^2}{2\sigma^2}\right)rdrd\theta \\ &= \int_0^{2\pi}\left[-\frac{1}{2\pi}\exp\left(-\frac{r^2}{2\sigma^2}\right)\right]_0^{\infty}d\theta = \int_0^{2\pi}\frac{1}{2\pi}d\theta = \left[\frac{1}{2\pi}\theta\right]_0^{2\pi} = 1. \end{aligned}$$

I가 양수이므로, $I = 1$이다. 다음 식이 성립한다.

$$\int_{-\infty}^{\infty} \frac{1}{\sqrt{2\pi}\sigma}\exp\left(-\frac{(x-(\sigma^2 t+\mu))^2}{2\sigma^2}\right)dx = 1.$$

따라서, 다음 식이 성립한다.

$$M_X(t) = \exp\left(\mu t + \frac{\sigma^2}{2}t^2\right).$$

이 식을 미분하면, 다음 식들이 성립함을 알 수 있다.

$$\begin{aligned} \frac{dM_X(t)}{dt} &= (\mu + \sigma^2 t)\exp\left(\mu t + \frac{\sigma^2}{2}t^2\right), \\ \frac{d^2M_X(t)}{dt^2} &= \sigma^2\exp\left(\mu t + \frac{\sigma^2}{2}t^2\right) + (\mu+\sigma^2 t)^2\exp\left(\mu t + \frac{\sigma^2}{2}t^2\right). \end{aligned}$$

따라서, 다음 식들이 성립한다.

$$\begin{aligned} E[X] &= M_X{}'(0) = \mu, \\ E[X^2] &= M_X^{(2)}(0) = \sigma^2 + \mu^2, \\ Var[X] &= E[X^2] - \{E[X]\}^2 = \sigma^2 + \mu^2 - \mu^2 = \sigma^2. \end{aligned}$$

□

[정리]

X가 확률밀도함수 $f(x)$를 갖는 연속확률변수이면, 임의의 실수값 함수 g에 대해 다음이 성립된다.

$$E[g(X)] = \int_{-\infty}^{\infty} g(x)f(x)dx$$

[정리] 정규분포의 성질

X가 정규분포 $N(\mu,\ \sigma^2)$을 따를 때, $aX+b$는 정규분포 $N(a\mu+b,\ a^2\sigma^2)$을 따른다. 즉,

$$\begin{aligned} E[aX+b] &= aE[X]+b \\ Var[aX+b] &= a^2Var[X] \\ Std[aX+b] &= |a|\sigma[X] \end{aligned}$$

(증명)

$$\begin{aligned} E[aX+b] &= \int_{-\infty}^{\infty}(ax+b)f(x)dx = a\int_{-\infty}^{\infty}xf(x)dx + b\int_{-\infty}^{\infty}f(x)dx \\ &= a\mathcal{E}[X]+b, \\ Var[aX+b] &= E[(aX+b)^2] - E[aX+b]^2 \\ &= E[a^2X^2+2abX+b^2] - (aE[X]+b)^2 \\ &= a^2E[X^2]+2abE[X]+b^2-(aE[X]+b)^2 \\ &= a^2(E[X^2]-E[X]^2) = a^2\sigma^2. \end{aligned}$$

□

이번에는 금융에서 많이 쓰이고 있는 정리로서 보통 식을 유도하거나 증명할 때 많이 쓰이는 중심극한정리(Central Limit Theorem)에 대하여 알아보도록 하자.

[정리] 중심극한정리(Central Limit Theorem)

X_1, X_2, $\cdots$, X_n가 서로 독립이고, 평균이 μ이고 분산이 σ^2인 서로 독립적인 동일한 분포(Independent Identity Distribution)를 따르는 확률변수라 하자. 그러면 독립변수들의 합은 n이 무한히 갈 때 근사적으로 정규분포를 따른다. 즉,

$$\frac{\frac{1}{n}\sum_{i=1}^{n} X_i - \mu}{\sqrt{\frac{\sigma^2}{n}}} \longrightarrow \nu \sim N(0,1)$$

다음은 확률미분방정식은 확률과정(Stochastic Process)를 따르므로 몇 가지 확률과정의 용어에 대하여 알아보도록 하자.

[정의] Filtration

확률과정 X_t에 대하여 확률변수들의 집합을 $\{X_t : t \in [0,\infty)\}$라 할 때,

Filtration $\{F_t : t \in [0,\infty)\}$는 σ-algebra들의 집합이라고 하자. 그러면 다음이 성립한다.

$$s \leq t \Rightarrow F_s \subset F_t$$

(σ-algebra는 해석학 책을 참고바람)

여기서 언급하는 Filtration은 쉽게 설명하면 과거부터 현재까지 보유하고 있는 정보의 량이라고 생각하면 쉽게 이해를 할 수가 있다. 다음은 금융에서 가장 중요한 성질 중에 하나인 Martingale 성질에 대한 설명이다.

[정리] Martingale 성질(Martingale Property)

임의의 양수 h에 대하여 만약 $E[X(t+h) - X(t) \mid F(t)] = 0$.

즉, $E[X(t+h) \mid F(t)] = X(t)$를 만족하면 $X(t)$는 Martingale 성질을 갖는다고 한다.

($F(t)$는 t시점까지의 정보의 양)

제 3 절 브라운운동(Brownian Motion)

브라운 운동(Brownian Motion)은 1827년 생물학자 브라운의 아이디어로써 액체에 걸쳐있는 꽃가루 입자의 불규칙적인 운동을 관찰하여 만든 이론이다. 이후 1905년 아이슈타인이 입자들의 밀도함수를 계산하였다. 그렇기 때문에 금융문제와 같이 시간과 연동된 변동에 대한 수학적 모델은 대개 브라운 운동과 같은 확률과정을 이용하게 된다. 또한 1920년대에 미국의 수학자 Norbert Wiener가 Random Walk(그림 (4.1))를 이용하여 브라운 운동을 체계적으로 수학적 이론을 도입하였기에 브라운 운동을 위너과정(Wiener Process)이라고도 한다. 금융시장에서 기초자산의 가격경로는 위너과정을 따른다고 가정하는 경우가 많다. 이 절에서는 위너과정에 대해 자세히 알아보기로 한다. 다음은 브라운 운동의 일반적인 정의이다.

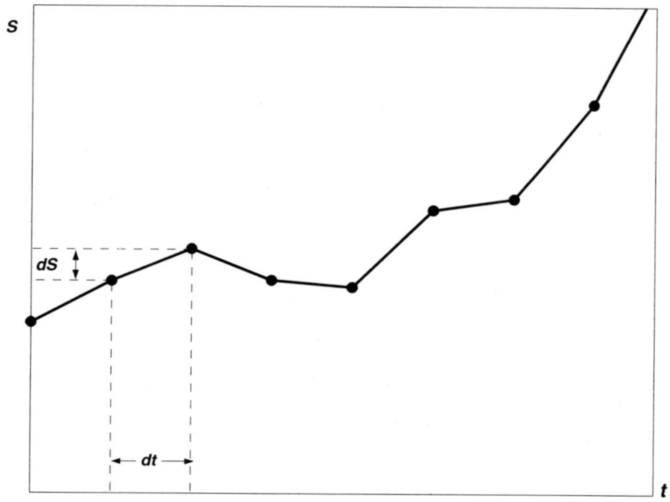

그림 4.1: Random walk

[정의] 브라운 운동(Brownian Motion)

다음 조건들을 만족하는 확률과정 $\{W(t)|t \geq 0\}$을 브라운 운동이라고 부른다.

- $W(0) = 0$, 임의의 시간 t에 대하여 $W(t)$는 연속함수이다.
- 임의의 $0 \leq t_1 < t_2 < t_3 < \cdots$에 대해서 $\triangle W_n \equiv W(t_{n+1}) - W(t_n)$ 독립이다. ($\triangle W_n$를 increment라고 말한다.)
- $\triangle W_n$는 평균이 0이고 분산이 $\triangle t_n$인 정규분포를 따른다. 즉, $\triangle W_n \sim N(0, \triangle t_n)$

확률밀도함수 f가 평균 0 분산 1의 표준정규분포 $N(0,1)$을 따른다면 dW는 정규분포 $N(0, dt)$를 따르므로 $dW = \sqrt{dt}f$로 표현된다. $W(t)$는 미분가능이 아니므로 dW을 정의할 수는 없지만 $dt \to 0$으로 했을 때

$$dW = \sqrt{dt}$$

로 된다.

브라운 운동이 중요한 것은 확률론 관점에서 중요한 성질 중 하나인 Martingale 성질을 만족하기 때문이다.

[정리]

$W(t)$가 브라운 운동이면 $W(t)$는 Martingale이다.

(증명). 임의의 시간 $s(s < t)$에 대하여

$$\begin{aligned} E[W(t) \mid F(s)] &= E[W(t) - W(s) \mid F(s)] + E[W(s) \mid F(s)] \\ &= E[W(t) - W(s)] + W(s) \\ &= W(s). \end{aligned}$$

□

그러면 이번에는 브라운 운동을 MATLAB에서 구현해 보도록 하자. 브라운 운동의 정의에 의하여 다음과 같은 식을 만들 수 있다.

$$W(0) = 0, \quad W(n+1) = W(n) + \triangle W(n) \tag{4.3}$$

여기서 $\triangle W(n)$은 평균이 0이고 분산이 $\triangle t$인 정규분포를 따르는 난수이다. 아래는 브라운 운동을 시뮬레이션 하는 알고리즘이다.

[브라운 운동 시뮬레이션 알고리즘]

For $n = 0, 1, 2, \cdots$

$t_{n+1} = t_n + \triangle t$

Pick $Z \sim N(0, 1)$

$W_{n+1} = W_n + \sqrt{\triangle t}Z$

End

다음은 브라운 운동을 MATLAB 코드로 나타낸 것이다. 다음 그림(4.2)는 브라운 운동을 그래프로 나타낸 것이다.

```
%%%%%%%%%%%%%%%%%%%%%%%%%%%%%%%%%%% BM.m %%%%%%%%%%%%%%%%%%%%%%%%%%%%%%%%%%%%%
clear all; clc;
n=1000; T=1; dt=T/n;
w = zeros(n+1,1); w(1)=0;
t=linspace(0,1,n+1);
randn('state',100);
for i=1:n
    w(i+1)=w(i)+sqrt(dt)*randn();
end
figure(1)
set (gca,'fontsize',15)
plot(t, w,'k')
title('Brownian Path'), xlabel('T'), ylabel('Z','rotation',0)
axis tight
```

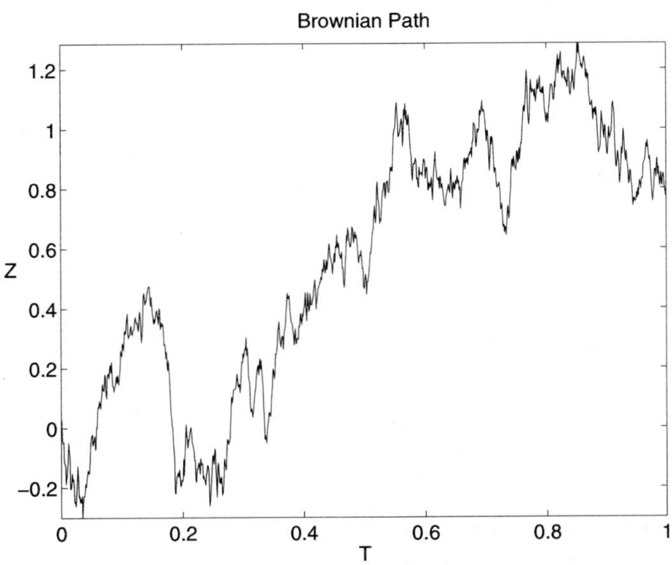

그림 4.2: 브라운 운동

일반적인 브라운 운동은 아래의 식(4.4)과 같은 확률미분방정식을 따른다.

$$S(t) = \mu dt + \sigma W(t) \tag{4.4}$$

하지만, 그림(4.2)와 같이 브라운 운동의 경로가 불규칙적인 값을 가지기 때문에 음수의 값이 나올 수가 있다. 하지만 이와 같은 브라운 운동은 주가 경로에 적용하기 어렵다. 이러한 단점을 극복하기 위해 도입된 것이 기하 브라운 운동(Geometric Brownian Motion)이다. 기하 브라운 운동은 아래 식(4.6)과 같은 확률미분방정식을 따르게 된다.

$$\begin{aligned} S(t) &= S(0)\exp(\mu t + \sigma W(t)) && (4.5) \\ \log\frac{S(t)}{S(0)} &= \mu t + \sigma W(t) && (4.6) \end{aligned}$$

로그를 취함에 따라 주가 가격은 음수가 나오지 않는다는 가정하에 모델링을 할 수 있게 된다. 기하 브라운 운동의 특징은 로그를 취한 $\log\frac{S(t)}{S(0)}$가 정규분포를 따르기 때문에 기하 브라운 운동의 분포는 대수 정규 분포(Log-normal distribution)을 따른다고 말할 수 있다. 아래 그림(4.3)은 기하 브라운 운동의 경로을 나타낸 것이다.

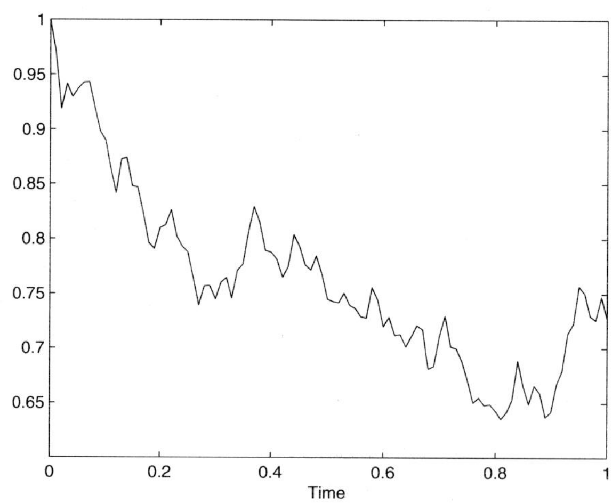

그림 4.3: 기하 브라운 운동

이러한 브라운 운동을 여러 개의 시뮬레이션으로 나타내고 그것을 산술평균을 구하는 방법을 바로 몬테칼로(Monte-Carlo) 방법이라고 한다. 몬테칼로 방법에 대한 내용은 9장에서 자세히 설명하고자 한다.

제 4 절 Itô 적분(Itô Integral)

이번 절에서는 확률미분방정식을 계산하기 위해서 쓰이는 Itô 적분에 관하여 공부하고자 한다. Itô 적분 역시 적분의 한 방법이기 때문에 먼저 일반적으로 알고 있는 적분에 대해 먼저 알아보고 Itô 적분을 설명하고자 한다.

4.1 일반적인 적분(Classical Integral)

우리가 고등학교 과정에서 배우는 적분은 일반적으로 많이 쓰이고 있는 리만 적분(Riemamn Integral)이다. 이 적분의 값을 계산하기 위하여 구분구적법을 이용하여 정적분의 값을 구하게 된다. 정적분 $\int_0^T f(t)dt$ 를 구하기 위한 구분구적법의 3가지 아이디어에 대해서 설명하고자 한다.

4.1.1 Forward Euler 방법(Forward Euler Discretization)

Forward Euler 방법은 그림(4.4)에서 알 수 있듯이 정적분의 구간을 직사각형으로 쪼갤 때, 왼쪽 값의 함숫값을 높이로 이용하여 구하는 방법이다. 식으로 나타나면 아래와 같이 나타낼 수 있다.

$$\int_0^T f(t)dt \approx \sum_{n=0}^{N-1} f(t_n)(t_{n+1} - t_n) = \sum_{n=0}^{N-1} f(t_n)\triangle t_n$$

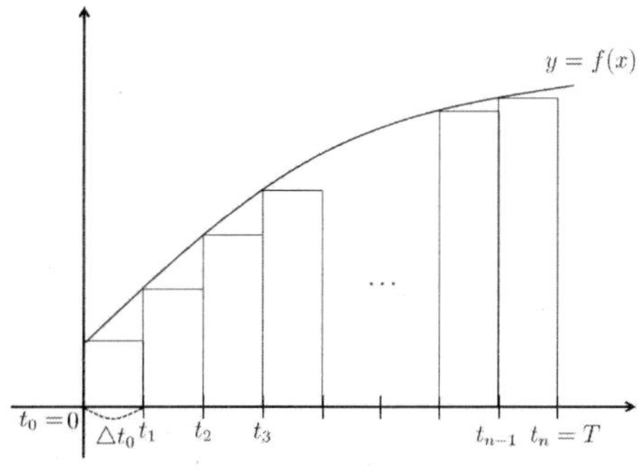

그림 4.4: Forward Euler 방법

4.1.2 Backward Euler 방법(Backward Euler Discretization)

Backward Euler 방법은 그림(4.5)에서와 같이 Forward Euler Method와 다르게 직사각형의 높이를 왼쪽이 아닌 오른쪽 함숫값을 이용한 것이다. 아래 식은 Backward Euler Method의 식을 나타낸 것이다.

$$\int_0^T f(t)dt \approx \sum_{n=0}^{N-1} f(t_{n+1})(t_{n+1}-t_n) = \sum_{n=0}^{N-1} f(t_{n+1})\triangle t_n$$

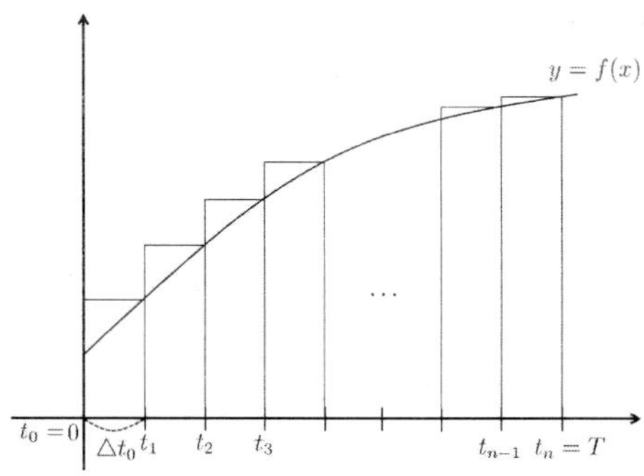

그림 4.5: Backward Euler 방법

4.1.3 사다리꼴 방법(Trapezoid Discretization)

사다리꼴 방법은 위의 두 가지 방법보다 훨씬 효율적인 방법이다. 그림 (4.6)를 참고하면 직사각형으로 근사시키는 것보다 사다리꼴로 만들어 근사시키는 방법으로 보다 적은 오차가 나오게 할 수가 있다. 아래 식은 사다리꼴 방법으로 적분값을 근사시키는 식을 나타낸 것이다.

$$\int_0^T f(t)dt \approx \sum_{n=0}^{N-1} \frac{f(t_n)+f(t_{n+1})}{2}(t_{n+1}-t_n) = \sum_{n=0}^{N-1} \frac{f(t_n)+f(t_{n+1})}{2}\triangle t_n$$

위의 방법 모두 n이 무한대로의 극한을 취하게 되면 모두 같은 값에 수렴하게 된다.

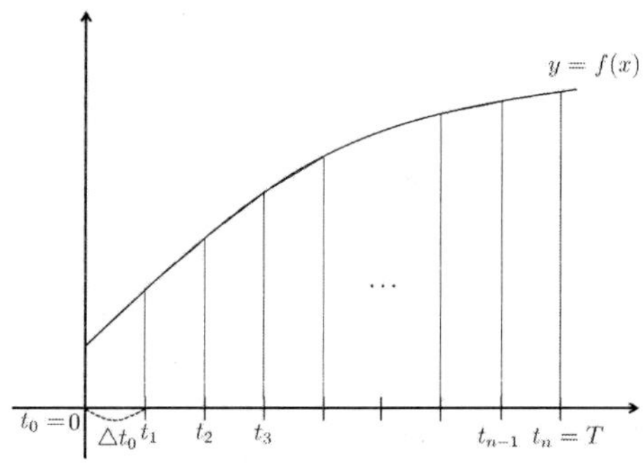

그림 4.6: 사다리꼴 방법

다음은 일반적인 적분이 가지는 성질들에 대하여 알아보도록 하자.

[정리] 미적분학의 기본 정리 1

함수 $f(x)$가 구간 $[a,b]$에서 연속이고, 함수 $F(x) = \int_a^x f(t)dt$도 구간 $[a,b]$에서 연속이고 미분가능할 때, $F(x)$의 미분하면 $f(x)$이다.

$$F'(x) = \frac{d}{dx}\int_a^x f(t)dt = f(x)$$

[정리] 미적분학의 기본 정리 2

함수 $f(x)$가 구간 $[a,b]$의 모든 점에서 연속이고, 함수 $F(x)$가 구간 $[a,b]$에서 원시함수이면 다음이 성립한다.

$$\int_a^b f(x)dx = F(b) - F(a)$$

[정리] 정적분의 성질

(1) $\int_a^a f(x)dx = 0$

(2) $a < b$일 때, $\int_b^a f(x)dx = -\int_a^b f(x)dx$

(3) $\int_a^b kf(x)dx = k\int_a^b f(x)dx$

(4) $\int_a^b \{f(x) \pm g(x)\}dx = \int_a^b f(x)dx \pm \int_a^b g(x)dx$

(5) $a < c < b$일 때, $\int_a^b f(x)dx = \int_a^c f(x)dx + \int_c^b f(x)dx$

4.2 Itô 적분(Itô Integral)

이번에는 확률미분방정식을 풀기 위해서 가장 중요한 내용인 Itô 적분(Itô Integral)에 대해서 알아보도록 하자. 확률과정을 따르는 적분의 식은 아래(4.7)와 같이 나타낼 수 있다. 여기서 $W(t)$는 브라운 운동이다.

$$\int_0^T W(t)dW(t) \tag{4.7}$$

이제 적분을 구하기 위해서 앞에 리만적분에서 이용한 것처럼 3가지의 이산과정을 이용하여 Itô 적분에 대하여 정의하고자 한다.

4.2.1 확률과정을 가진 적분의 이산화과정

첫 번째로 Forward Euler 방법을 적용을 시켜보도록 하자. Forward Euler 방법은 앞에서 언급한 것 처럼 높이를 왼쪽 값에 맞춰서 구하는 과정이다. 그럼 식으로 나타내어보자.

$$\sum_{n=0}^{N-1} W(t_n)(W(t_{n+1}) - W(t_n)) = \sum_{n=0}^{N-1} W(t_n)\triangle W_n \tag{4.8}$$

확률변수이기 때문에 대푯값을 이용하여 기댓값을 계산하면

$$E[\sum_{n=0}^{N-1} W(t_n)\triangle W_n] = \sum_{n=0}^{N-1} E[W(t_n)\triangle W_n]$$

여기서 브라운 운동의 정의에 의하여 $W(t_n)$과 $W(\triangle t_n)$이 독립이므로

$$\sum_{n=0}^{N-1} E[W(t_n)\triangle W_n] = \sum_{n=0}^{N-1} E[W(t_n)]E[\triangle W_n]$$

브라운 운동 3번째 성질인 $\triangle W_n$의 기댓값, 즉 평균 0이므로

$$E[\sum_{n=0}^{N-1} W(t_n)\triangle W_n] = 0$$

두 번째로 Backward Euler 방법을 적용하면 아래와 같은 식으로 나타낼 수 있다.

$$\sum_{n=0}^{N-1} W(t_{n+1})(W(t_{n+1}) - W(t_n)) = \sum_{n=0}^{N-1} W(t_n)\triangle W_n \tag{4.9}$$

이 방법 또한 대푯값을 이용하고 위에서 $\sum_{n=0}^{N-1} E[W(t_n)\triangle W_n] = 0$을 사용하여 기댓값을 계산하면

$$E[\sum_{n=0}^{N-1} W(t_{n+1})\triangle W_n] = \sum_{n=0}^{N-1} E[W(t_{n+1})\triangle W_n] - \sum_{n=0}^{N-1} E[W(t_n)\triangle W_n]$$

여기서 브라운 운동의 정의에 의하여 $W(t_{n+1})$과 $W(\triangle t_n)$이 독립이므로

$$\begin{aligned}\sum_{n=0}^{N-1} E[W(t_{n+1})\triangle W_n] - \sum_{n=0}^{N-1} E[W(t_n)\triangle W_n] &= \sum_{n=0}^{N-1} E[(W(t_{n+1}) - W(t_n))\triangle W_n] \\ &= \sum_{n=0}^{N-1} E[\{\triangle W_n\}^2]\end{aligned}$$

가 되어 브라운 운동의 분산이 되게 되고 브라운 운동 세 번째 성질에 의해 $E[\{\triangle W_n\}^2] = \triangle t_n$이 된다.

$$E[\sum_{n=0}^{N-1} W(t_{n+1})\triangle W_n] = \sum_{n=0}^{N-1} E[\{\triangle W_n\}^2] = \sum_{n=0}^{N-1} \triangle t_n = T \neq 0$$

마지막으로 사다리꼴 방법을 이용하여 나타내면 아래와 같이 나타낼 수 있다.

$$\sum_{n=0}^{N-1} \frac{W(t_n) + W(t_{n+1})}{2}\triangle W_n \tag{4.10}$$

마찬가지로 기댓값을 계산하면

$$\sum_{n=0}^{N-1} E[\frac{W(t_n)+W(t_{n+1})}{2}\triangle W_n] = \sum_{n=0}^{N-1} E[\frac{2W(t_n)+W(t_{n+1})-W(t_n)}{2}\triangle W_n]$$

그러면 $W(t_n)$과 $W(\triangle t_n)$ 그리고 $W(t_{n+1})$과 $W(\triangle t_n)$은 각각 독립이므로 아래와 같이 나타나게 된다.

$$\begin{aligned}\sum_{n=0}^{N-1} E[\frac{2W(t_n)+W(t_{n+1})-W(t_n)}{2}\triangle W_n] &= \sum_{n=0}^{N-1} E[W(t_n)\triangle W_n] + \sum_{n=0}^{N-1} E[\frac{\{\triangle W_n\}^2}{2}] \\ &= \frac{T}{2} \neq 0\end{aligned}$$

그러면 여기서 알 수 있는 것은 리만적분에서 3가지 방법의 극한을 구하면 같은 값으로 수렴하는 것에 비해 확률과정을 포함하는 적분에서는 3가지 방법이 다른 값으로 수렴하는 것을 알 수 있다.

우리가 쓰는 Itô 적분은 바로 Forward Euler 방법의 극한을 이용하는 적분이고 확률 미적분학에서 쓰이는 Stratonovich 적분은 바로 사다리꼴 방법의 극한을 이용하는 적분이다. 그러므로 앞으로 Itô 적분에 대한 증명은 Forward Euler 방법을 이용하여 증명을 할 것이다.

4.2.2 Itô 적분

초기값을 $X(0) = X_0$를 가지는 확률미분방정식은 다음과 같이 나타낼 수 있다.

$$dX(t) = a(X(t))dt + b(X(t))dW(t)$$

이 미분방정식을 적분꼴로 바꾸게 되면 아래 식과 같이 나타낼 수 있다.

$$X(t) = X(0) + \int_0^t a(X(s))ds + \int_0^t b(X(s))dW(s)$$

로 나타낼 수 있다. 여기서 $\int_0^t a(X(s))ds$는 일반적으로 쓰는 적분을 이용하여 구할 수 있으나, $\int_0^t b(X(s))dW(s)$는 확률과정이 들어가 있기 때문에 Itô 적분을 이용하여 구하여야 한다.

이 Itô 적분 $\int_0^t b(X(s))dW(s)$을 구하기 위하여 Forward Euler 방법인 아래 식(4.11)

$$\sum_{n=0}^{N-1} b(X(n))\triangle dW(n) \tag{4.11}$$

을 이용하여 구할 것이다. 이 과정을 이용하기 위해서는 잘 정의(Well-defined)되어 있는 지 확인하여야 하나 내용이 많이 어려우므로 생략하고자 한다.
다음 정의를 Itô 적분을 풀기 위해서 쓰는 중요한 정의이다. 왜냐하면 이 정의는 Itô 적분의 값을 구할 쓰이기 때문이다. Itô 공식을 이용하여 Itô 적분을 쉽게 구할 수 있지만, 다음 정의를 이용하면 적분의 정의를 이용하여 적분값을 구할 수 있게 된다.

[정의] Mean-Square Convergence

임의의 n에 대하여 $E[{X_n}^2] < \infty$ 이고 $E[X^2] < \infty$일 때,

아래와 같은 식이 성립하면 X_n는 Mean-square 수렴한다고 한다.

$$\lim_{n\to\infty} E[|X_n - X|^2] = 0 \tag{4.12}$$

여기서 $X_n \equiv \sum_{n=0}^{N-1} f(t_n, W(t_n))\triangle W_n$, $X \equiv \int_0^T f(t, W(t))dW(t)$이다.

[예제]

다음 아래의 식이 성립함을 증명하여라.

$$\lim_{\triangle t\to 0} \sum_{n=0}^{N-1} {W_n}^2 = T$$

(증명) 식(4.12)을 이용하여 아래가 성립함을 보이면 된다.

$$\lim_{\triangle t\to 0} E[|\sum_{n=0}^{N-1} {W_n}^2 - T|^2] = 0$$

$$\begin{aligned} E[|\sum_{n=0}^{N-1} {W_n}^2 - T|^2] &= E[\sum_{k=0}^{N-1}\sum_{n=0}^{N-1}(\triangle {W_n}^2 - \triangle t_n)(\triangle {W_k}^2 - \triangle t_k)] \\ &= E[\sum_{n=0}^{N-1}(\triangle W_n^2 - \triangle t_n)^2] + 2E[\sum_{k>n}(\triangle W_n^2 - \triangle t_n)(\triangle W_k^2 - \triangle t_k)] \end{aligned}$$

여기서 $E[\triangle W_k^2 - \triangle t_k] = E[\triangle W_k^2] - \triangle t_k = \triangle t_k - \triangle t_k = 0$이므로

$$
\begin{aligned}
E[|\sum_{n=0}^{N-1} W_n^2 - T|^2] &= E[\sum_{n=0}^{N-1}(\triangle W_n^4 - 2\triangle W_n^2 \triangle t_n + \triangle t_n^2)] \\
&= \sum_{n=0}^{N-1}\{E[\triangle W_n^4] - 2\triangle t_n E[\triangle W_n^2] + \triangle t^2\}
\end{aligned}
$$

또한, $E[\triangle W_n^4] = 3\triangle t_n^2$, $E[\triangle W_k^2] = \triangle t_n$ 이므로 (제 5절의 예제 4, 5에서 확인 가능)

$$
E[|\sum_{n=0}^{N-1} W_n^2 - T|^2] = 2\sum_{n=0}^{N-1} \triangle t_n^2 \le 2T\triangle t_{\max} \longrightarrow 0
$$

□

[연습문제]

다음 아래의 식이 성립함을 증명하여라.

$$
\int_0^T x(t)dx = \frac{x(T)^2}{2}
$$

다음은 Itô 적분에 대한 정의이다.

[정의] Itô 적분(Itô Integral)

$E[\int_a^b f^2(t,W)dt] < \infty$인 $f(t,W)$에 대하여 다음을 Itô 적분이라고 한다.

$$
\int_a^b f(t,W)dW = \lim_{N\to\infty}\sum_{n=0}^{N-1} f(t_n, W(t_n))\triangle W_n
$$

다음은 Itô 적분에서 쓰이는 Itô 적분의 성질들이다.

[정리] Itô 적분의 성질

함수 $f(s,W), g(s,W) : [0,T] \times \omega \to R$이고 Itô 적분가능할 때 다음 성질이 성립한다.

(1) $\int_0^T (C_1 f(s,W) + C_2 f(s,W))dW(s) = C_1 \int_0^T f(s,W)dW(s) + C_2 \int_0^T g(s,W)dW(s)$

(2) $E[\int_0^T f(s,W)dW(s)] = 0$

(3) $E[(\int_0^T f(s,W)dW(s))(\int_0^T g(s,W)dW(s))] = \int_0^T E[f(s,W) \cdot g(s,W)]dW(s)$

위의 성질을 증명하기 위해서는 Mean-square Convergence를 이용하여 증명하면 된다. 증명과정이 좀 복잡한 편이므로 간단하게 스케치만 해보도록 하자.

(증명) (1)성질 증명
오일러 근사과정에 의하여 아래와 같이 나타내어보자.

$$
\begin{aligned}
A_{\triangle t} &\equiv \sum_{n=0}^{N-1} (C_1 f_n + C_2 g_n)\triangle W_n, \\
B_{\triangle t} &\equiv \sum_{n=0}^{N-1} (C_1 f_n)\triangle W_n, \\
C_{\triangle t} &\equiv \sum_{n=0}^{N-1} (C_2 g_n)\triangle W_n
\end{aligned}
$$

그러면 Mean-square convergence에 의하여 다음이 $\triangle t_{\max}$가 0에 가까워짐에 따라 $\|A - (B + C)\|_{L^2}$가 0이 됨을 밝히면 된다.

$$
\begin{aligned}
\|A - (B+C)\|_{L^2} &= \|(A - A_{\triangle t} + A_{\triangle t} - (B - B_{\triangle t} + B_{\triangle t} + C - C_{\triangle t} + C_{\triangle t})\| \\
&\le \|A - A_{\triangle t}\|_{L^2} + \|A_{\triangle t} - (B_{\triangle t} + C_{\triangle t})\|_{L^2} + \|B - B_{\triangle t}\|_{L^2} + \|C - C_{\triangle t}\|_{L^2}
\end{aligned}
$$

Mean-square convergence에 의하여

$$
\begin{aligned}
\|A - A_{\triangle t}\|_{L^2} &\to 0, \\
\|B - B_{\triangle t}\|_{L^2} &\to 0, \\
\|C - C_{\triangle t}\|_{L^2} &\to 0
\end{aligned}
$$

이므로

$$\|A - (B+C)\|_{L^2} \le \|A_{\triangle t} - (B_{\triangle t} + C_{\triangle t})\|_{L^2}$$

으로 나타낼 수 있으며 이것 또한 Mean-square convergence에 의하여 $\triangle t_{\max}$가 0으로 가까이 감에 따라 0으로 수렴하게 된다. □

[연습문제]

위의 [정리] Itô 적분의 성질 중 (2), (3)을 증명하여라.

(Hint: (2)을 증명하기 위해서 $I \equiv \int_0^T f(s,W)dW(s)$, $I_{\triangle t} \equiv \sum_{n=0}^{N-1} f_n \triangle W_n$

(3)을 증명하기 위해 각각을 A, B, C로 바꾸어서 증명한다.)

제 5 절 Itô의 보조정리(Itô Lemma)

확률미분방정식을 아래와 같이 나타낸다고 하자.

$$dS = a(t,S)dt + b(t,S)dW.$$

일반화된 위너과정의 상수 a와 b를 S와 t에 대한 함수 $a(t,S), b(t,S)$로 일반화한 것을 Itô 과정(Itô process)이라고 하며, 따라서, 이 시계열 $S(t)$의 움직임을 Itô 과정이라 할 수 있다. Itô 과정을 이용하면 Itô 의 보조정리(Itô lemma) 혹은 Itô 공식(Itô formula)를 이끌 수 있다.

Itô의 보조정리(Itô 공식)

S가 확률미분방정식

$$dS = a(t,S)dt + b(t,S)dW$$

으로 나타낼 때, S와 t의 함수 $V(t,S)$는

$$dV = \left(\frac{\partial V}{\partial t} + \frac{\partial V}{\partial S}a(t,S) + \frac{1}{2}\frac{\partial^2 V}{\partial S^2}b^2(t,S)\right)dt + \frac{\partial V}{\partial S}b(t,S)dW$$

를 따른다.

(증명) 함수 V의 변화량 dV는 2변수 함수의 테일러 전개를 이용하면

$$\begin{aligned} dV &= V(S+dS, t+dt) - V(S,t) \\ &= \frac{\partial V}{\partial S}dS + \frac{\partial V}{\partial t}dt + \frac{1}{2}\frac{\partial^2 V}{\partial S^2}(dS)^2 + \frac{\partial^2 V}{\partial S \partial t}dSdt + \frac{1}{2}\frac{\partial^2 V}{\partial t^2}(dt)^2 + \cdots \end{aligned}$$

로 나타난다. S가 Itô과정을 따르므로, dS에

$$dS = a(t,S)dt + b(t,S)dW$$

를 대입하면

$$\begin{aligned} dV &= \frac{\partial V}{\partial S}(a(t,S)dt + b(t,S)dW) + \frac{\partial V}{\partial t}dt \\ &\quad + \frac{1}{2}\frac{\partial^2 V}{\partial S^2}(a(t,S)dt + b(t,S)dW)^2 \\ &\quad + \frac{\partial^2 V}{\partial S \partial t}(a(t,S)dt + b(t,S)dW)dt + \frac{1}{2}\frac{\partial^2 V}{\partial t^2}(dt)^2 + \cdots \\ &= \frac{\partial V}{\partial S}a(t,S)dt + \frac{\partial V}{\partial S}b(t,S)dW + \frac{\partial V}{\partial t}dt + \frac{1}{2}\frac{\partial^2 V}{\partial S^2}a^2(t,S)(dt)^2 \\ &\quad + \frac{1}{2}\frac{\partial^2 V}{\partial S^2}b^2(t,S)(dW)^2 + \frac{\partial^2 V}{\partial S^2}a(t,S)b(t,S)dtdW + \frac{\partial^2 V}{\partial S \partial t}a(t,S)(dt)^2 \\ &\quad + \frac{\partial^2 V}{\partial S \partial t}b(t,S)dtdW + \frac{1}{2}\frac{\partial^2 V}{\partial t^2}(dt)^2 + \cdots \end{aligned} \tag{4.13}$$

로 된다. $dt \to 0$일 때의 관계식 $dW = \sqrt{dt}$를 사용하면 $(dt)^2$과 $dtdW$와 같이 1차보다 큰 항은 급속히 0에 가까워지므로 이들 항이 포함된 식들을 무시할 수 있다. $(dW)^2$의 항은 dt가 된다. 따라서 위 식(4.13)은 다음과 같이 Itô 공식으로 나타낼 수 있다.

$$dV = \left(\frac{\partial V}{\partial S}a(t,S) + \frac{\partial V}{\partial t} + \frac{1}{2}\frac{\partial^2 V}{\partial S^2}b^2(t,S)\right)dt + \frac{\partial V}{\partial S}b(t,S)dW. \tag{4.14}$$

□

Itô 공식을 외우는 것은 쉽지가 않지만 약간의 규칙만 숙지한다면 쉽게 외울 수 있다. 다음은 수학적인 접근법은 아니지만 Itô 공식을 보다 쉽게 외울 수 있는 방법이다.

[Itô 공식 쉽게 외우는 방법]

X가 확률과정

$$dX = a(t,X)dt + b(t,X)dW$$

을 만족할 때, 함수 g에 대하여 X에 관한 2차 테일러 전개한 후

$$dg = \frac{\partial g}{\partial t}dt + \frac{\partial g}{\partial X}dX + \frac{1}{2}\frac{\partial^2 g}{\partial X^2}(dX)^2$$

에서 $dtdt = dtdW = dWdt = 0$, $dWdW = dt$로 놓고 정리하면 된다.

다음 예제들을 통해서 Itô의 보조정리를 적용하는 방법을 알아보도록 하자.

[예제 1]

다음이 성립함을 Itô 공식을 이용하여 증명하여라.

$$\int_0^T W(t)dW(t) = \frac{1}{2}(W(T))^2 - \frac{1}{2}T$$

(풀이)

확률과정 $dX(t)$와 함수 $f(t,x)$를 다음과 같이 나타내어 보자.

$$dX = dW(t), f(t,x) = x^2$$

그런 다음 함수 $f(t,x)$를 x에 관한 2차 테일러 전개를 하면 다음과 같이 나타낼 수 있다.

$$df(t,x) = 0 \cdot dt + 2xdX + \frac{1}{2}2(dX)^2$$

다음 $dX = dW(t)$를 대입하면 $dW(t)dW(t) = dt$에 의해

$$d(W(t)^2) = 2W(t)dW(t) + dt$$

로 나타내어진다. 여기서 0부터 T까지 적분을 하게 되면

$$\int_0^T d(W(t)^2) = \int_0^T 2W(t)dW(t) + \int_0^T dt$$

$$\therefore \int_0^T W(t)dW(t) = \frac{1}{2}(W(T))^2 - \frac{1}{2}T$$

[예제 2]

확률과정 X가 아래와 같은 조건을 만족할 때, $X(t)$를 구하여라.

$$dX(t) = -Xdt + dW(t), \quad X(0) = 1$$

(풀이)

함수 $f(t,x) = e^t X$라고 하자. 이제 함수 $f(t,x)$를 x에 관한 2차 테일러 전개를 하면 다음과 같이 나타낼 수 있다.

$$df(t,x) = e^t Xdt + e^t dX + \frac{1}{2} \cdot 0(dX)^2$$

여기에 $dX(t) = -Xdt + dW(t)$를 대입하면

$$d(e^t X) = e^t Xdt + e^t(-Xdt + dW(t)) = e^t dW(t)$$

이제 0부터 t까지 적분을 하게 되면

$$\int_0^t d(e^t X) = \int_0^t e^\tau dW(\tau)$$

$$e^t X(t) - e^0 X(0) = \int_0^t e^\tau dW(\tau)$$

$$\therefore X(t) = e^{-t} + e^{-t} \int_0^t e^\tau dW(\tau)$$

이제는 금융과 관련된 주가 가격에 관련된 문제를 풀어보도록 하자. 일반적으로 t시점에서의 주가를 $S(t)$라 할 때, 기하 브라운 운동(Geometric Brownian motion)이라 불리우는 확률미분방정식은 아래 식(4.15)와 같이 나타낼 수 있다.

$$dS(t) = rS(t)dt + \sigma S(t)dW(t), \quad S(0) = S(t) \tag{4.15}$$

여기서 r은 무위험 이자율을 나타내고 σ는 변동성을 나타낸다. 그럼 다음 예제에서 위의 확률미분방정식을 Itô 공식에 의하여 풀어볼 것이다.

[예제 3]

$S(t)$를 t시점에서의 주가라고 하고 기하 브라운운동을 만족하는 확률미분방정식이 다음과 같이 주어질 때, $S(t)$를 구하여라.

$$dS(t) = rS(t)dt + \sigma S(t)dW(t), \quad S(0) = S(t)$$

(풀이)
함수 $f(t,s) = \log S$라 하자. 이제 S에 대한 2차 테일러 전개를 하면 다음과 같은 식을 구할 수 있다.

$$df(t,s) = 0dt + \frac{1}{S}dS + \frac{1}{2}(-\frac{1}{S^2})(dS)^2$$

여기에 $dS(t) = rS(t)dt + \sigma S(t)dW(t)$를 대입하면

$$\begin{aligned} d(\log S) &= \frac{1}{S}(rSdt + \sigma SdW(t)) + \frac{1}{2}(-\frac{1}{S^2})(rSdt + \sigma SdW(t))^2 \\ &= rdt + \sigma SdW(t) + \frac{1}{2}(-\frac{1}{S^2})(\sigma^2 S^2 dt) \\ &= rdt + \sigma dW(t) - \frac{1}{2}\sigma^2 dt \\ &= (r - \frac{1}{2}\sigma^2)dt + \sigma dW(t) \end{aligned}$$

이제 0에서 t까지 적분을 하면

$$\int_0^t d(\log S) = \int_0^t (r - \frac{1}{2}\sigma^2)dt + \int_0^t \sigma dW(\tau)$$

$$\log S(t) - \log S(0) = (r - \frac{1}{2}\sigma^2)t + \sigma W(t)$$

$$\log\frac{S(t)}{S(0)} = (r - \frac{1}{2}\sigma^2)t + \sigma W(t)$$

$$\frac{S(t)}{S(0)} = \exp((r - \frac{1}{2}\sigma^2)t + \sigma W(t))$$

$$S(t) = S(0)\exp((r - \frac{1}{2}\sigma^2)t + \sigma W(t))$$

[예제 4]

다음을 Itô 공식을 이용하여 구하여라.

$$E[W^2(t)] = t$$

(풀이)
식 $W^2(t)$을 Itô 공식을 적용을 하면

$$\begin{aligned} d[W^2(t)] &= 0 \cdot dt + 2W(t)dW(t) + \frac{1}{2} \cdot 2 \cdot (dW(t))^2 \\ &= 2W(t)dW + dt \end{aligned}$$

이제 위의 식을 0에서 t까지 적분을 하면

$$W^2(t) - W^2(0) = 2\int_0^t W(s)dW(s) + \int_0^t 1ds \tag{4.16}$$

이제 위 식(4.16)에 기댓값을 취하면 브라운 운동 $W(s)$의 기댓값은 0이므로

$$E[W^2(t)] = E[t] = t$$

[예제 5]

다음을 Itô 공식을 이용하여 구하여라.

$$E[W^4(t)] = 3t^2$$

(풀이)
식 $W^4(t)$을 Itô 공식을 적용을 하면

$$\begin{aligned} d[W^4(t)] &= 0 \cdot dt + 4W^3(t)dW(t) + \frac{1}{2} \cdot 4 \cdot 3W^2(t)(dW(t))^2 \\ &= 4W^3(t)dW(t) + 6W^2(t)dt \end{aligned}$$

이제 위의 식을 0에서 t까지 적분을 하면

$$W^4(t) - W^4(0) = 4\int_0^t W^3(s)dW(s) + \int_0^t 6W^2(s)ds \tag{4.17}$$

이제 위 식(4.17)에 기댓값을 취하면

$$E[W^4(t)] = E[3t^2] = 3t^2$$

이제, [예제 3]에서 구한 $S(t)$에 관한 df는 다음과 같이 나타낼 수 있다.

$$df = \left(r - \frac{\sigma^2}{2}\right) dt + \sigma dW = \left(r - \frac{\sigma^2}{2}\right) dt + \sigma\sqrt{dt}\phi$$

를 얻게 된다. 이 식은 상수 계수를 갖는 확률미분방정식이고, df는 정규분포를 만족한다. $t = ndt$라 하자. 그러면,

$$\begin{aligned} df_1 &= \left(r - \frac{\sigma^2}{2}\right) dt + \sigma\sqrt{dt}\phi_1 \\ df_2 &= \left(r - \frac{\sigma^2}{2}\right) dt + \sigma\sqrt{dt}\phi_2 \\ &\vdots \\ df_n &= \left(r - \frac{\sigma^2}{2}\right) dt + \sigma\sqrt{dt}\phi_n \end{aligned}$$

위 식들의 양변을 다 더하면,

$$f = f_0 + \left(r - \frac{\sigma^2}{2}\right) t + \sigma\sqrt{t}\phi, \tag{4.18}$$

여기서, $\phi_1 + \phi_2 + \cdots + \phi_n = \sqrt{n}\phi$ 관계를 사용하였다.

$f(S,t)$의 확률밀도함수(PDF)는 $-\infty < f < \infty$에 대해

$$\frac{1}{\sigma\sqrt{2\pi t}} e^{-\frac{(f - f_0 - (r - \frac{\sigma^2}{2})t)^2}{2\sigma^2 t}}$$

이다. 이처럼 확률변수 S에 $f = \log S$를 취한 결과가 정규분포를 따를때, S를 대수정규분포(log-normal distribution)를 따른다고 한다. 자세한 내용은 변동성 추정의 역사적 변동성 부분에서 소개하고자 한다.

확률미분방정식의 사람이 직접 풀 수 있는 경우는 극히 소수이기 때문에 이런 경우에는 컴퓨터를 이용하여 수치적으로 구해야 한다. 수치적인 방법에는 오일러 마루야마 방법(Euler-Maruyama Method)와 민스테인 방법(Minstein Method)와 같은 방법 등이 있으나 이 책의 범위를 벗어나므로 언급은 피하고자 한다. 자세한 내용은 참고문서[1]를 확인하기 바란다.

[1] 논문: An algorithmic introduction to numerical simulation of stochastic differential equations (Higham)

5장

옵션가격이론

제 1 절 옵션 가격 결정 모형의 Black-Scholes 편미분방정식

우리가 옵션 가격을 구하기 위해서는 2가지 방법이 있다. 1번째는 확률미분방정식(SDE)를 이용하여 확률론적 측면으로 구하는 방법과 Black-Scholes 편미분방정식을 이용하여 편미분방정식을 이용하여 구하는 방법이 있다. 확률론적 측면에서 구하는 가장 대표적인 방법은 몬테갈로(Monte-Carlo) 시뮬레이션인데 9장에서 자세히 소개할 것이다. 이번 장에서는 편미분방정식의 관점에서 설명하고자 한다. 그럼 Black-Scholes 편미분방정식을 유도하는 하는 방법에는 2가지 방법이 있다. 1번째는 옵션 가격을 구하기 위해서 경제학적 측면 구하는 방법과 확률미분방정식에서 Feymann-Kac 정리를 이용하여 편미분방정식을 구하는 방법이 있다. 2가지 관점에서 유도를 해보도록 하자.

Black-Scholes 편미분 방정식(partial differential equation:PDE) [1] 은 미국의 Fisher Black 교수와 Myron Scholes 교수에 의해 개발된 옵션 가격 결정 모형으로서 옵션 이론 가격을 산출할 때 일부 수정된 모델이 현재 널리 이용되고 있다. 이 모델을 이용하면 기초자산가격(S), 행사가격(E), 잔존기간(T), 무위험이자율(r), 기초자산가격의 변동성(σ)의 값들로 콜옵션과 풋옵션의 이론가격을 직접 계산할 수 있다.

Fisher Black과 Myron Scholes는 확률미적분학을 사용하여 유러피언 옵션에 대한 공정가격을 결정하기 위한 편미분 방정식을 유도했다. 이러한 Black-Scholes 이론은 기본적으로 주식(위험자산)과 채권(무위험자산)으로 이뤄진 포트폴리오의 만기 가치가 '주식시장이 어떤 상황을 거치더라도' 정확히 옵션의 만기 payoff와 일치하도록 하는 트레이딩 전략을 구체적으로 제시하여 준다. 1970년 Black-Scholes 공식의 개발과 함께 1973년 개설된 시카고 옵션거래시장은 세계의 옵션시장을 크게 발전시키는 역사적 계기가 되었다.

옵션 이론가격를 구하기 위해서는 다음의 다섯 가지 변수를 반드시 알아야 한다.

(1) 기초자산 가격, S
(2) 행사가격, E
(3) 이자율, r
(4) 잔존기간, T
(5) 변동성, σ

위의 다섯 가지 변수를 정확히 알면, 블랙-숄즈(Black-Scholes) 모델이나 이항나무(Binomial tree) 모형 등의 옵션가격 결정 모델을 이용하여 옵션 이론가격을 쉽게 구할 수 있다. 옵션 이론가격을 구하는 공식은 위의 다섯 가지 변수로 구성된 함수이다.

Black-Scholes는 계산을 쉽게 하기 위해서 다음과 같은 몇 가지 가정을 했다.

- 잔존기간 동안 가격의 변동성과 무위험 이자율은 변하지 않는다.
- 거래비용과 세금은 일체 고려하지 않으며, 배당은 없는 것으로 본다.
- 기준물의 거래는 연속적으로 일어난다.

기초자산가격 S가 이또과정

$$dS = \mu S dt + \sigma S dX \tag{5.1}$$

를 따른다고 하자. 그렇다면, 이또렘마에서 기초자산가격 S와 시간 t에 의존하는 파생금융상품의 가격 $V(S,t)$의 미분 dV는 식 (4.14)에 의해

$$dV = \left(\frac{\partial V}{\partial S}\mu S + \frac{\partial V}{\partial t} + \frac{1}{2}\frac{\partial^2 V}{\partial S^2}\sigma^2 S^2\right) dt + \frac{\partial V}{\partial S}\sigma S dX \tag{5.2}$$

를 따름을 알 수 있다. 여기서 가격 $V(S,t)$의 파생증권을 1단위 사고 기초자산가격 S의 $\frac{\partial V}{\partial S}$단위를 파는 다음의 포트폴리오를 만들어보자. 이 포트폴리오의 가치Π는

$$\Pi = V(S,t) - \frac{\partial V}{\partial S}S$$

로 된다. 따라서 dt 시간동안 포트폴리오의 변화량은

$$d\Pi = dV - \frac{\partial V}{\partial S}dS \tag{5.3}$$

이다. 여기서, $\frac{\partial V}{\partial S}$는 상수로 간주한다. 이 식의 dV와 dS에 각각 이또 렘마(5.2)와 이또과정(5.1)를 대입하면

$$\begin{aligned} d\Pi &= dV - \frac{\partial V}{\partial S}dS \\ &= \left(\frac{\partial V}{\partial S}\mu S + \frac{\partial V}{\partial t} + \frac{1}{2}\frac{\partial^2 V}{\partial S^2}\sigma^2 S^2\right) dt - \frac{\partial V}{\partial S}\sigma S dX \\ &\quad -\frac{\partial V}{\partial S}\left(\mu S dt + \sigma S dX\right) \\ &= \left(\frac{\partial V}{\partial t} + \frac{1}{2}\frac{\partial^2 V}{\partial S^2}\sigma^2 S^2\right) dt. \end{aligned} \tag{5.4}$$

한편, 무위험 이자율을 r로 하면 dt 시간동안 포트폴리오의 변화량은

$$d\Pi = r\left(V(S,t) - \frac{\partial V}{\partial S}S\right)dt \tag{5.5}$$

가 성립되는 셈이다. 따라서, 두식 (5.4)과 (5.5)로 부터

Black-Scholes 미분방정식

$$\frac{\partial V(S,t)}{\partial t} = rV(S,t) - rS\frac{\partial V(S,t)}{\partial S} - \frac{\sigma^2 S^2}{2}\frac{\partial^2 V(S,t)}{\partial S^2} \tag{5.6}$$

을 도출하게 된다. 여기에 옵션의 만기시점에서 지불되는 지불금액함수를 경계조건으로 하면 다음의 식(5.7)을 만족하며, 그림 5.1를 따르게 된다.

$$V(S,T) = \begin{cases} S-E & \text{if } S \geq E \\ 0 & \text{if } S < E \end{cases} \tag{5.7}$$

식 (5.6)은 식(5.7)의 만기조건을 가지는 Black-Scholes의 편미분 방정식이다.

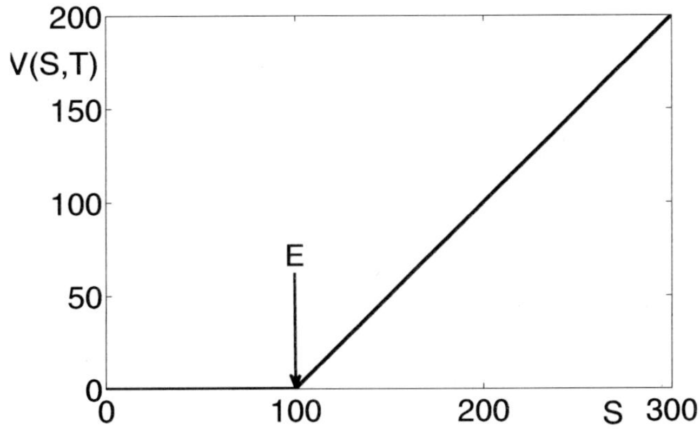

그림 5.1: 옵션의 만기시 지불금액함수

이번에는 확률론적 관점에서 Black-Scholes 편미분 방정식을 유도할 것이다. 여기서 사용할 것은 확률미분방정식(SDE)를 편미분방정식(PDE)로 바꾸기 위하여 Feymann-Kac 정리를 이용한다. 다음은 일반적으로 쓰는 Feymann-Kac정리를 나타낸 것이다.

[정리] Feymann-Kac 정리 1

a, b, g가 계속 미분가능한 유계인 함수라고 하고 X를 아래 확률미분방정식의 해라고 하고 $u(x,t)$를 아래와 같이 가정하면

$$dX(t) = a(t, X(t))dt + b(t, X(t))dW(t),$$

$$u(x,t) = E[g(X(T))|X(t) = x]$$

그러면 $u(x,t)$는 Kolmogorov Backward 방정식의 해가 된다. 즉,

$$L^* u \equiv u_t + au_x + \frac{1}{2}u_{xx} = 0, \quad t < T \tag{5.8}$$

$$u(x,T) = g(x) \tag{5.9}$$

즉, 확률미분방정식인 $dX(t) = a(t, X(t))dt + b(t, X(t))dW(t)$를 편미분방정식 $L^* u \equiv u_t + au_x + \frac{1}{2}u_{xx} = 0$로 바꾸어주는 정리이다.

(증명) $\hat{u}$를 방정식(5.8, 5.9)의 해라고 하자.
그러면 아래와 같이 나타낼 수 있다.

$$L^* \hat{u} = 0, \quad \hat{u}(x,T) = g(x)$$

이제 함수 $\hat{u}$에 대하여 Itô 공식을 이용하면

$$d\hat{u} = (\frac{\partial \hat{u}}{\partial t} + a(t, X(t))\frac{\partial \hat{u}}{\partial X} + \frac{1}{2}b(t, X(t))^2 \frac{\partial^2 \hat{u}}{\partial X^2})dt + b(t, X(t))\frac{\partial \hat{u}}{\partial X}dW(t)$$

여기에서

$$L^* \hat{u} = \frac{\partial \hat{u}}{\partial t} + a(t, X(t))\frac{\partial \hat{u}}{\partial X} + \frac{1}{2}b(t, X(t))^2 \frac{\partial^2 \hat{u}}{\partial X^2} = 0$$

이므로 아래와 같이 나타낼 수 있다.

$$d\hat{u} = b(t, X(t))\frac{\partial \hat{u}}{\partial X}dW(t)$$

이제 시간 t에서 T까지 적분하면

$$\hat{u}(X_T, T) - \hat{u}(X_t, t) = \int_t^T b(t, X(t))\frac{\partial \hat{u}}{\partial X}dW(t)$$

위 식에 기댓값을 취하게 되면

$$E[\hat{u}(X_T, T)|X_t = x] - E[\hat{u}(X_t, t)|X_t = x] = E[\int_t^T b(t, X(t))\frac{\partial \hat{u}}{\partial X}dW(t)|X_t = x]$$

여기서 이토 적분의 기댓값은 0이고, $\hat{u}(x,T) = g(x)$ 이므로

$$\hat{u}(x,t) = E[\hat{u}(X_t,t)|X_t = x] = E[\hat{u}(X_T,T)|X_t = x] = E[g(X_T)|X_t = x]$$

$$\therefore \hat{u}(x,t) = E[g(X_T)|X_t = x]$$

□

이제 Black-Scholes 편미분방정식을 구하기 위한 Feymann-Kac 정리에 대해서 배워보도록 하자.

[정리] Feymann-Kac 정리 2

a, b, g, h, V가 계속 미분가능한 유계인 함수라고 하고 X를 아래 확률미분방정식의 해라고 하고 $u(x,t)$를 아래와 같이 가정하면

$$dX(t) = a(t, X(t))dt + b(t, X(t))dW(t),$$

$$\begin{aligned} u(x,t) &= E[g(X(T))e^{\int_t^T V(s,X(s))ds}|X(t) = x] \\ &+ E[-\int_t^T h(s,X(s))e^{\int_t^s V(\tau,X(\tau))d\tau}ds|X(t) = x] \end{aligned}$$

그러면 $u(x,t)$는 아래 편미분방정식의 해가 된다. 즉,

$$\begin{aligned} L_V^* u &\equiv u_t + au_x + \frac{1}{2}u_{xx} + Vu = h, t < T \\ u(x,T) &= g(x) \end{aligned} \tag{5.10}$$

증명과정은 위에서 증명한 것과 같은 방법으로 하면 되므로 생략한다.

이제 확률미분방정식을 가지고 Black-Scholes 편미분방정식을 구해보도록 하자. 주가모형이 다음 확률미분방정식을 따른다고 하자.

$$dS = rSdt + \sigma SdW$$

Feymann-Kac 정리를 이용하기 위하여 다음과 같이 변수를 지정하도록 하자.

$$a(t,S) = rS, b(t,S) = \sigma S, V = -r, h = 0$$

그리고 u에 대응되는 함수로 손익함수 $f(t,\hat{S}(t)) = E[e^{-r(T-t)}\max(\hat{S} - K, 0)]$로 지정하면 Feymann-Kac 정리에 의하여 다음 Black-Scholes 편미분방정식이 유도가 된다.

$$\frac{\partial f(t,\hat{S}(t))}{\partial t} + rS\frac{\partial f(t,\hat{S}(t))}{\partial S} + \frac{1}{2}\sigma^2 S^2 \frac{\partial^2 f(t,\hat{S}(t))}{\partial S^2} - rf(t,\hat{S}(t)) = 0$$

1.1 Black-Scholes 편미분방정식의 공식

이 절에서는 Black-Scholes 편미분방정식의 해를 구한다.[1]

다음과 같은 형태의 상미분 방정식을 생각해 보자.

$$g(y)\frac{dy}{dx} = f(x). \tag{5.11}$$

위 식의 양변에 x에 관해서 적분을 수행하면 다음을 얻는다.

$$\int g(y)\frac{dy}{dx}dx = \int g(y)dy = \int f(x)dx + c. \tag{5.12}$$

이렇게 해서 상비분 방정식의 해를 구하는 방법을 변수분리법 (method of separating variables) 이라 한다. 다음과 같은 예제 문제를 생각해보자.

$$y\frac{dy}{dx} + 3x = 0,\ y(0) = 10. \tag{5.13}$$

$$\int y\frac{dy}{dx}dx = \int ydy = \int -3xdx + c. \tag{5.14}$$

$$\frac{1}{2}y^2 = -\frac{3}{2}x^2 + c. \tag{5.15}$$

주어진 초기조건 $y(0) = 10$을 적용하면,

$$y^2 = -3x^2 + 100. \tag{5.16}$$

다음은 Fourier Transform에 대해서 알아보자.

$$f(x) = \frac{1}{\sqrt{2\pi}}\int_{-\infty}^{\infty}\left[\frac{1}{\sqrt{2\pi}}\int_{-\infty}^{\infty} f(v)e^{-iwv}dv\right]e^{iwx}dw. \tag{5.17}$$

여기서 괄호 안에 있는 w에 대한 함수를 $\hat{f}(w)$라 하고 함수 f의 Fourier Transform 이라고 한다.

$$\hat{f}(w) = \frac{1}{\sqrt{2\pi}}\int_{-\infty}^{\infty} f(v)e^{-iwv}dv. \tag{5.18}$$

---

[1] 이 절에서 더 자세한 내용은 **금융증권을 위한 블랙숄즈의 편미분방정식(김완세 옮김)**의 책을 참고하길 바란다.

$$f(x) = \frac{1}{\sqrt{2\pi}} \int_{-\infty}^{\infty} \hat{f}(w) e^{iwx} dw. \tag{5.19}$$

다음과 같은 예제 문제를 생각해보자.

[예제 1] 함수 $f(x)$ 가 다음과 같이 주어졌을때 f의 Fourier Transform 을 구하시오.

$$f(x) = 1 \text{ if } |x| < 1 \text{ and } f(x) = 0 \text{ otherwise.} \tag{5.20}$$

[해답]

식(5.18)을 이용하여 적분하면, 다음 결과를 얻을 수 있다.

$$\hat{f}(w) = \frac{1}{\sqrt{2\pi}} \int_{-1}^{1} e^{-iwx} dx = \frac{1}{\sqrt{2\pi}} \cdot \left. \frac{e^{-iwx}}{-iw} \right|_{-1}^{1} = \frac{1}{-iw\sqrt{2\pi}} (e^{-iw} - e^{iw}).$$

$e^{iw} = \cos w + i \sin w$, $e^{-iw} = \cos w - i \sin w$의 성질을 이용하면,

$$e^{iw} - e^{-iw} = 2i \sin w.$$

을 만족하므로, 위의 식에 이를 대입하여 정리하면 다음의 해를 얻게 된다.

$$\hat{f}(w) = \sqrt{\frac{\pi}{2}} \frac{\sin w}{w}.$$

[예제 2] 다음 함수 $f(x)$의 Fourier 변환 $\mathcal{F}(e^{-ax})$을 구하시오.(단, $a > 0$이다.)

$$f(x) = e^{-ax} \text{ if } x > 0 \text{ and } f(x) = 0 \text{ if } x < 0. \tag{5.21}$$

[해답]

식(5.18)의 정의에 따라 적분하여 정리하면,

$$\begin{aligned}\mathcal{F}(e^{-ax}) &= \frac{1}{\sqrt{2\pi}}\int_0^\infty e^{-ax}e^{-iwx}dx\\ &= \frac{1}{\sqrt{2\pi}}\left.\frac{e^{-(a+iw)x}}{-(a+iw)}\right|_{x=0}^{\infty} = \frac{1}{\sqrt{2\pi}(a+iw)}.\end{aligned}$$

우선 방정식을 열 방정식(heat equation)형태로 전환하고 해를 구한 후 다시 치환을 통해서 원래 방정식인 Black-Scholes 편미분방정식의 해를 구한다. Black-Scholes 편미분방정식 (5.6)에 대해서 두 개의 변수 x와 τ를 도입하자

[1번째 변수변환]

$$x = \log\frac{S}{E} + \left(r - \frac{\sigma^2}{2}\right)(T-t) \tag{5.22}$$

$$\tau = T - t \tag{5.23}$$

2개의 변수 x와 τ를 사용하여, $V(S,t)$를 다음과 같이 표현하자.

$$V(S,t) = e^{-r\tau}u(x,\tau),$$

여기서 함수 $V(S,t)$를 이와 같이 표현하면 블랙 숄즈의 편미분방정식을 매우 간단한 편미분 방정식으로 고쳐 쓸 수 있게 된다. $V_S(S,t)$, $V_{SS}(S,t)$, $V_t(S,t)$를 각각 계산하여 보자. 연쇄법칙(chain rule)을 사용하여

$$\begin{aligned}V_S(S,t) &= V_x(S,t)x_S + V_\tau(S,t)\tau_S = \frac{\partial}{\partial x}\left(e^{-r\tau}u(x,\tau)\right)x_S\\ &= e^{-r\tau}u_x(x,\tau)S^{-1}.\\ V_{SS}(S,t) &= \frac{\partial}{\partial S}\left(e^{-r\tau}u_x(x,\tau)S^{-1}\right) = e^{-r\tau}\left(u_{Sx}(x,\tau)S^{-1} - u_x(x,\tau)S^{-2}\right)\\ &= \frac{e^{-r\tau}}{S^2}\left(u_{Sx}(x,\tau)S - u_x(x,\tau)\right)\\ &= \frac{e^{-r\tau}}{S^2}\left(\left[u_{xx}(x,\tau)x_S + u_{\tau x}(x,\tau)\tau_S\right]S - u_x(x,\tau)\right)\\ &= \frac{e^{-r\tau}}{S^2}\left(u_{xx}(x,\tau) - u_x(x,\tau)\right).\end{aligned}$$

$$\begin{aligned}
V_t(S,t) &= V_x(S,t)x_t + V_\tau(S,t)\tau_t \\
&= \frac{\partial}{\partial x}\left(e^{-r\tau}u(x,\tau)\right)x_t - \frac{\partial}{\partial \tau}\left(e^{-r\tau}u(x,\tau)\right) \\
&= e^{-r\tau}u_x(x,\tau)\frac{\partial}{\partial t}\left(\log\frac{S}{E} + (r-\frac{\sigma^2}{2})(T-t)\right) \\
&\quad -\frac{\partial}{\partial \tau}\left(e^{-r\tau}u(x,\tau)\right) \\
&= e^{-r\tau}u_x(x,\tau)(\frac{\sigma^2}{2}-r) - \left(-re^{-r\tau}u(x,\tau) + e^{-r\tau}u_\tau(x,\tau)\right) \\
&= e^{-r\tau}\left((\frac{\sigma^2}{2}-r)u_x(x,\tau) + ru(x,\tau) - u_\tau(x,\tau)\right).
\end{aligned}$$

위 계산결과를 Black-Scholes 편미분방정식 (5.6)에 대입해보면, 다음과 같이 열방정식 형태로 나타낼 수 있다.

$$u_\tau(x,\tau) = \frac{\sigma^2}{2}u_{xx}(x,\tau). \tag{5.24}$$

여기서, $x = \log\frac{S}{E} + (r-\frac{\sigma^2}{2})(T-t)$에 $t=T$를 대입하면, $x = \log\frac{S}{E}$ 그러므로 $S = Ee^x$ 이 된다. 따라서, 경계조건 (5.7)에 $t=T$를 대입하면

$$u(x,0) = \begin{cases} V(Ee^x,T) = E(e^x-1) & \text{if } x \geq 0 \\ V(Ee^x,T) = 0 & \text{if } x < 0 \end{cases} \tag{5.25}$$

로 변한다. 이제 Fourier 변환을 사용하여 식(5.24)을 풀고자 한다. 열방정식 형태인 식(5.24)를 만족하는 함수 $u(x,\tau)$의 변수 x에 대한 Fourier 변환은 다음과 같다.

$$\widehat{u}(\lambda,\tau) = \frac{1}{\sqrt{2\pi}}\int_{-\infty}^{\infty} u(x,\tau)e^{-i\lambda x}dx. \tag{5.26}$$

또한, 이계편도함수 u_{xx}의 Fourier 변환은 부분적분을 두 번 반복 적용하면 다음과 같다.

$$\frac{1}{\sqrt{2\pi}}\int_{-\infty}^{\infty} u_{xx}(x,\tau)e^{-i\lambda x}dx = (i\lambda)^2\widehat{u}(\lambda,\tau) = -\lambda^2\widehat{u}(\lambda,\tau). \tag{5.27}$$

식 (5.26)로부터 다음 식이 성립함을 알 수 있다.

$$\begin{aligned}
\frac{\partial\widehat{u}(\lambda,\tau)}{\partial\tau} &= \frac{1}{\sqrt{2\pi}}\int_{-\infty}^{\infty} u_\tau(x,\tau)e^{-i\lambda x}dx = \frac{\sigma^2}{2}\frac{1}{\sqrt{2\pi}}\int_{-\infty}^{\infty} u_{xx}(x,\tau)e^{-i\lambda x}dx \\
&= -\frac{\sigma^2\lambda^2}{2}\widehat{u}(\lambda,\tau).
\end{aligned} \tag{5.28}$$

식 (5.28)로부터 다음 식이 성립한다.

$$\frac{\partial\widehat{u}(\lambda,\tau)}{\partial\tau} + \frac{\sigma^2\lambda^2}{2}\widehat{u}(\lambda,\tau) = 0. \tag{5.29}$$

식 (5.29)은 $\widehat{u}(\lambda,\tau)$의 τ에 관한 상미분 방정식이다. 식 (5.29)은 분리가능 방정식이라고도 하며, 이는 다음과 같이 나타낼 수 있다.

$$\frac{1}{\widehat{u}(\lambda,\tau)}\partial\widehat{u}(\lambda,\tau)+\frac{\sigma^2\lambda^2}{2}\partial\tau=0.$$

c를 임의의 상수라 하고, 이제 위 식을 적분하면 다음의 식을 얻게 된다.

$$\begin{aligned}\int\frac{1}{\widehat{u}(\lambda,\tau)}\partial\widehat{u}(\lambda,\tau)+\int\frac{\sigma^2\lambda^2}{2}\partial\tau&=0\\ \ln\widehat{u}(\lambda,\tau)+\frac{\sigma^2\lambda^2}{2}\tau&=c\\ \widehat{u}(\lambda,\tau)&=e^{-\frac{\sigma^2\lambda^2}{2}\tau+c}\end{aligned}$$

적분상수 c의 계산을 위해 초기조건을 적용해보자. 먼저, 초기조건 $u(x,0)=g(x)$을 $\widehat{u}$의 초기조건으로 바꿀 수 있다.

$$\widehat{u}(\lambda,0)=\widehat{g}(\lambda)=\frac{1}{\sqrt{2\pi}}\int_{-\infty}^{\infty}g(x)e^{-i\lambda x}dx. \tag{5.30}$$

초기조건 (5.30)를 만족하는 상미분 방정식 (5.29)의 해가 다음과 같음을 쉽게 알 수 있다.

$$\widehat{u}(\lambda,\tau)=\widehat{g}(\lambda)e^{-\frac{\sigma^2\lambda^2\tau}{2}}. \tag{5.31}$$

식 (5.31)에 역 Fourier 변환을 적용해서 $u(x,\tau)$의 해를 구할 수 있다.

$$\begin{aligned}u(x,\tau)&=\frac{1}{\sqrt{2\pi}}\int_{-\infty}^{\infty}\widehat{u}(\lambda,\tau)e^{i\lambda x}d\lambda=\frac{1}{\sqrt{2\pi}}\int_{-\infty}^{\infty}\widehat{g}(\lambda)e^{i\lambda x-\frac{\sigma^2\lambda^2\tau}{2}}d\lambda\\ &=\frac{1}{\sqrt{2\pi}}\int_{-\infty}^{\infty}\left[\frac{1}{\sqrt{2\pi}}\int_{-\infty}^{\infty}g(y)e^{-i\lambda y}dy\right]e^{i\lambda x-\frac{\sigma^2\lambda^2\tau}{2}}d\lambda\\ &=\frac{1}{2\pi}\int_{-\infty}^{\infty}g(y)\left[\int_{-\infty}^{\infty}e^{-i\lambda(x-y)-\frac{\sigma^2\lambda^2\tau}{2}}d\lambda\right]dy.\end{aligned} \tag{5.32}$$

여기서 첫 번째 등호는 역 Fourier 변환에 의해서 두 번째 등호는 식 (5.31)에 의해서 성립한다. 식(5.32)의 우변의 적분을 계산하기 위해서 다음 변수를 정의하자.

$$\begin{aligned}I(\alpha)&=\int_{-\infty}^{\infty}e^{-\frac{\sigma^2\lambda^2\tau}{2}}e^{-i\lambda\alpha}d\lambda=\int_{-\infty}^{\infty}e^{-\frac{\sigma^2\lambda^2\tau}{2}}\left(\cos(\alpha\lambda)-i\sin(\alpha\lambda))\right)d\lambda\\ &=\int_{-\infty}^{\infty}e^{-\frac{\sigma^2\lambda^2\tau}{2}}\cos(\alpha\lambda)d\lambda=2\int_{0}^{\infty}e^{-\frac{\sigma^2\lambda^2\tau}{2}}\cos(\lambda\alpha)d\lambda.\end{aligned} \tag{5.33}$$

기함수와 우함수의 성질을 이용하여 위의 식(5.33)으로 정리할 수 있다. 이제 다음 식들이 성립함을 쉽게 알 수 있다.

$$\begin{aligned}\frac{dI(\alpha)}{d\alpha}&=-2\int_{0}^{\infty}\lambda e^{-\frac{\sigma^2\lambda^2\tau}{2}}\sin(\lambda\alpha)d\lambda\\ &=\left[\sin(\lambda\alpha)\frac{2e^{-\frac{\sigma^2\lambda^2\tau}{2}}}{\sigma^2\tau}\right]_0^{\infty}-\frac{2\alpha}{\sigma^2\tau}\int_{0}^{\infty}e^{-\frac{\sigma^2\lambda^2\tau}{2}}\cos(\lambda\alpha)d\lambda.\end{aligned} \tag{5.34}$$

식(5.33)과 식(5.34)에 의해서 다음 식이 성립한다.

$$\frac{dI(\alpha)}{d\alpha} = -\frac{\alpha}{\sigma^2\tau}I(\alpha). \tag{5.35}$$

상미분 방정식(5.35)의 해는 다음과 같다.

$$I(\alpha) = I(0)\exp\left(-\frac{\alpha^2}{2\sigma^2\tau}\right). \tag{5.36}$$

또한 다음 식이 성립함을 알 수 있다.

$$I(0) = 2\int_0^\infty e^{-\frac{\sigma^2\lambda^2\tau}{2}}d\lambda = \sqrt{\frac{2\pi}{\sigma^2\tau}}. \tag{5.37}$$

식(5.36)과 식(5.37)에 의해서 다음 식이 성립한다.

$$I(\alpha) = \sqrt{\frac{2\pi}{\sigma^2\tau}}\exp\left(-\frac{\alpha^2}{2\sigma^2\tau}\right). \tag{5.38}$$

식(5.32), 식(5.33)와 식(5.38)에 의해서 다음 식이 성립한다.

$$\begin{aligned} u(x,\tau) &= \frac{1}{2\pi}\int_{-\infty}^{\infty} g(y)I(x-y)dy \\ &= \int_{-\infty}^{\infty} g(y)\frac{1}{\sqrt{2\pi\sigma^2\tau}}\exp\left(-\frac{(x-y)^2}{2\sigma^2\tau}\right)dy. \end{aligned} \tag{5.39}$$

여기서 다음의 두 번째 변수변환을 하자.

[2번째 변수변환]

$$v = \frac{y-x}{\sigma\sqrt{\tau}} \rightarrow y = x + \sigma\sqrt{\tau}v \tag{5.40}$$

이 때 경계조건은 다음과 같이 쓸 수 있다.

$$g(y) = g(x+\sigma\sqrt{\tau}v) = \begin{cases} E(e^{x+\sigma\sqrt{\tau}v} - 1) & \text{if } v \geq \frac{-x}{\sigma\sqrt{\tau}} \\ 0 & \text{else} \end{cases}$$

2번째 변수변환을 하게 되면,

$$u(x,\tau) = \frac{1}{\sqrt{2\pi}}\int_{-\infty}^{\infty} g(y)e^{-\frac{v^2}{2}}dv.$$

$g(y)$의 경계조건에 따라 $v < -\frac{x}{\sigma\sqrt{\tau}}$인 부분의 적분 값들은 모두 0의 값을 갖게 되므로, $v \geq \frac{-x}{\sigma\sqrt{\tau}}$의 부분의 적분 값만 생각하면 된다. $g(y)$의 경계조건에 주목하면,

$$\begin{aligned} u(x,\tau) &= \frac{1}{\sqrt{2\pi}}\int_{-\frac{x}{\sigma\sqrt{\tau}}}^{+\infty} g(y)e^{-\frac{v^2}{2}}dv = \frac{1}{\sqrt{2\pi}}\int_{-\frac{x}{\sigma\sqrt{\tau}}}^{+\infty}(Ee^{x+\sigma\sqrt{\tau}v} - E)e^{-\frac{v^2}{2}}dv \\ &= \frac{1}{\sqrt{2\pi}}\int_{-\frac{x}{\sigma\sqrt{\tau}}}^{+\infty} Ee^{x+\sigma\sqrt{\tau}v}e^{-\frac{v^2}{2}}dv - \frac{1}{\sqrt{2\pi}}\int_{-\frac{x}{\sigma\sqrt{\tau}}}^{+\infty} Ee^{-\frac{v^2}{2}}dv \end{aligned} \tag{5.41}$$

첫 번째 변수변환(5.23)에 의해 식(5.41)의 첫 번째 항은 다음을 만족한다.

$$
\begin{aligned}
u(x,\tau) &= \frac{1}{\sqrt{2\pi}}\int_{-\frac{x}{\sigma\sqrt{\tau}}}^{+\infty} Se^{r\tau-\frac{\sigma^2}{2}\tau}e^{\sigma\sqrt{\tau}v}e^{-\frac{v^2}{2}}dv - \frac{1}{\sqrt{2\pi}}\int_{-\frac{x}{\sigma\sqrt{\tau}}}^{+\infty} Ee^{-\frac{v^2}{2}}dv \\
&= \frac{Se^{r\tau}}{\sqrt{2\pi}}\int_{-\frac{x}{\sigma\sqrt{\tau}}}^{+\infty} e^{-\frac{1}{2}(v-\sigma\sqrt{\tau})^2}dv - \frac{1}{\sqrt{2\pi}}\int_{-\frac{x}{\sigma\sqrt{\tau}}}^{+\infty} Ee^{-\frac{v^2}{2}}dv. \qquad (5.42)
\end{aligned}
$$

여기서 $z = v - \sigma\sqrt{\tau}$로 변수변환을 하게 되면,

$$
\begin{aligned}
u(x,\tau) &= Se^{r\tau}\frac{1}{\sqrt{2\pi}}\int_{-\frac{x}{\sigma\sqrt{\tau}}-\sigma\sqrt{\tau}}^{+\infty} e^{-\frac{z^2}{2}}dz - \frac{1}{\sqrt{2\pi}}\int_{-\frac{x}{\sigma\sqrt{\tau}}}^{+\infty} Ee^{-\frac{v^2}{2}}dv \\
&= Se^{r\tau}N\left(\frac{x}{\sigma\sqrt{\tau}}+\sigma\sqrt{\tau}\right) - EN\left(\frac{x}{\sigma\sqrt{\tau}}\right), \qquad (5.43)
\end{aligned}
$$

여기서 $N(x)$는 누적표준정규분포함수(the cumulative standard normal distribution function)를 뜻하며 다음 식을 만족한다.

$$
N(x) = \frac{1}{\sqrt{2\pi}}\int_{-\infty}^{x} e^{-\frac{z^2}{2}}dz
$$

이제 마지막으로, Black-Scholes 편미분방정식의 해에 대입하면,

$$
V(S,t) = e^{-r\tau}u(x,\tau) = SN\left(\frac{x}{\sigma\sqrt{\tau}}+\sigma\sqrt{\tau}\right) - Ee^{-r\tau}N\left(\frac{x}{\sigma\sqrt{\tau}}\right)
$$

[Black-Scholes 편미분방정식의 공식]

$$
\begin{aligned}
V(S,t) &= SN\left(\frac{x}{\sigma\sqrt{\tau}}+\sigma\sqrt{\tau}\right) - Ee^{-r\tau}N\left(\frac{x}{\sigma\sqrt{\tau}}\right) \\
x &= \log\frac{S}{E} + (r-\frac{\sigma^2}{2})(T-t) \\
\tau &= T-t
\end{aligned}
$$

다음의 예제를 풀어보자.

[예제] 다음 유러피언(European) 콜옵션의 가격을 구하는 MATLAB 코드를 작성하시오.

현재의 주가지수 $S = 240$ 포인트

권리행사가격 E =250 포인트

옵션의 기간 = 2개월

주가변동 σ=38%

무위험이자율 r=6%

[해답] MATLAB 코드

```
%%%%%%%%%%%%%%%%%%%%%%%%%%%%%% eurocall.m %%%%%%%%%%%%%%%%%%%%%%%%%%%%%%%%%
S=240; E=250; T=2/12; sigma=0.38; r=0.06;
d1 = (log(S/E) + (r+ 0.5*sigma^2)*T)/(sigma*sqrt(T));
d2 = d1 -(sigma*sqrt(T));
CallPrice = S * normcdf(d1) - E * exp(-r * T)*normcdf(d2)
%%%%%%%%%%%%%%%%%%%%%%%%%%%%%%%%%%%%%%%%%%%%%%%%%%%%%%%%%%%%%%%%%%%%%%%%%%%%%%%%
```

위의 MATLAB 코드`eurocall.m`을 실행하면 다음의 결과를 얻는다.

```
>> eurocall
>> CallPrice =11.6105
```

1.2 옵션가격의 성질

위에서 언급하였지만 옵션가격은 다섯 가지의 변수에 대한 함수이다. 이 절에서는 이 변수들이 각각 옵션가격에 어떠한 영향을 미치는지 확인해보도록 하자.

1.2.1 기초자산가격(S)

위의 예제를 이용하여 기초자산가격(S) 이외의 다른 네 개의 변수는 동일한 값을 가지고 있다고 가정할 때, 옵션가격은 기초자산가격(S)에 대하여 증가함수가 된다. 다시 말하면 기초자산의 가격이 증가할수록 옵션가격은 증가하게 된다. `option_s.m`는 기초자산가격에 따른 옵션가격을 구하는 MATLAB 코드이다.

```
%%%%%%%%%%%%%%%%%%%%%%%%%%%%%% option_s.m %%%%%%%%%%%%%%%%%%%%%%%%%%%%%%
clear all; clc; clf;
S = linspace(0,400,50);E=250;sigma=0.38;r=0.06;T=2/12;
d1 = (log(S/E) + (r+ 0.5*sigma^2)*T)/(sigma*sqrt(T));
d2 = d1 -(sigma*sqrt(T));
CP = S.* normcdf(d1) - E * exp(-r * T)*normcdf(d2);
plot(S, CP,'k*-')
xlabel('S','fontsize',20);
ylabel('V','fontsize',20,'rotation',0);
```

```
set(gca,'fontsize',20)
%%%%%%%%%%%%%%%%%%%%%%%%%%%%%%%%%%%%%%%%%%%%%%%%%%%%%%%%%%%%%%%%%%%%%%%%%%%%%%%%%
```

위의 코드에 의한 결과로 얻어진 그림 5.2의 우측의 그림은 좌측의 그림을 확대한 것이다.

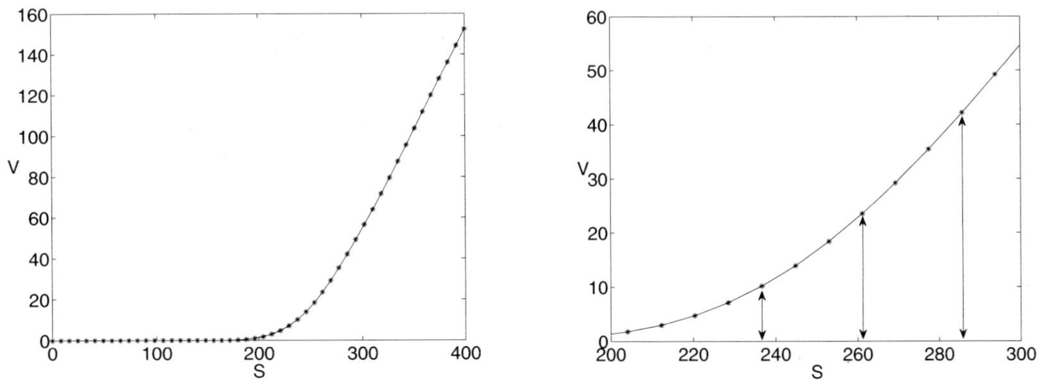

그림 5.2: 기초자산가격(S)에 따른 옵션가격의 변화

1.2.2 행사가격(E)

행사가격(E)에 따라 옵션가치의 변화를 다음의 그림 5.3를 통해 확인해 보자. 먼저, option_ex.m는 행사가격에 따른 옵션가격을 구하는 MATLAB 코드이다.

```
%%%%%%%%%%%%%%%%%%%%%%%%%%%%%%%%%% option_ex.m %%%%%%%%%%%%%%%%%%%%%%%%%%%%%%%%%%%%%%
clear all; clc; clf; S = linspace(0,400,50); T = 2/12;
sigma = 0.38; r = 0.06; E = [200 250 300];
for i = 1:3
d1 = (log(S/E(i)) + (r+ 0.5*sigma^2)*T)/(sigma*sqrt(T));
d2 = d1 -(sigma*sqrt(T));
CP(:,i) = S.* normcdf(d1) - E(i)*exp(-r*T)*normcdf(d2);
end
plot(S,CP(:,1),'k*-',S, CP(:,2),'ko-',S,CP(:,3),'k^-')
legend('E = 200','E = 250','E = 300',2)
xlabel('S','fontsize',20)
```

```
ylabel('V','fontsize',20,'rotation',0)
set(gca,'fontsize',20)
%%%%%%%%%%%%%%%%%%%%%%%%%%%%%%%%%%%%%%%%%%%%%%%%%%%%%%%%%%%%%%%%%%%%%%%%%%%%%%%%
```

위의 코드를 실행시켜보면 다음의 결과를 얻을 수 있다. 행사가격을 제외한 모든 변수들

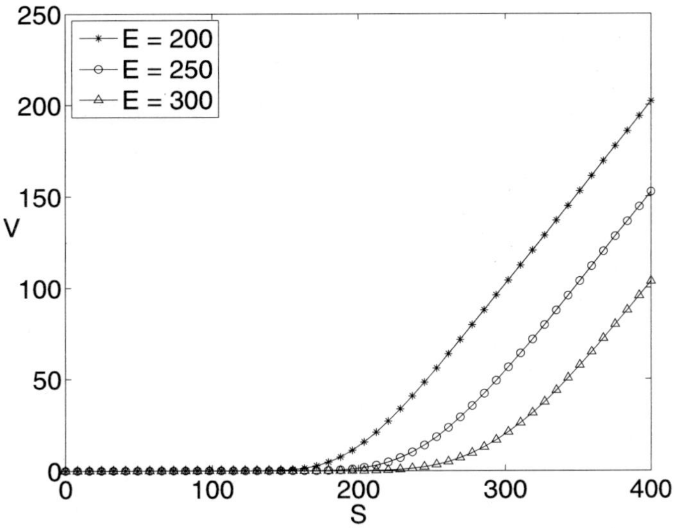

그림 5.3: 행사가격(E)에 따른 옵션가격의 변화

을 고정하였을 경우 행사가격(E)이 증가할수록 옵션가격은 감소하게 된다.

1.2.3 이자율(r)

그림 5.4에서 볼 수 있듯이 옵션가격은 이자율(r)에 대한 증가함수로서 이자율(r)이 증가할 수록 옵션가격도 증가하게 된다. option_r.m는 이자율에 따른 옵션가격을 구하는 MATLAB 코드로서 그림 5.4을 얻을 수 있다.

```
%%%%%%%%%%%%%%%%%%%%%%%%%%%%%%%%%% option_r.m %%%%%%%%%%%%%%%%%%%%%%%%%%%%%%%%%%%%%
clear all; clc; clf;
S = linspace(0,400,50); E=250; T = 2/12; sigma = 0.38;
r = [0.00 0.20 0.40];
for i = 1:3
d1 = (log(S/E) + (r(i)+ 0.5*sigma^2)*T)/(sigma*sqrt(T));
```

```
d2 = d1 -(sigma*sqrt(T));
CP(:,i) = S.* normcdf(d1) - E * exp(-r(i) * T)*normcdf(d2);
end
plot(S,CP(:,1),'k*-',S, CP(:,2),'ko-',S,CP(:,3),'k^-')
legend('r = 0.00','r = 0.20','r = 0.40',2)
xlabel('S','fontsize',20)
ylabel('V','fontsize',20,'rotation',0)
set(gca,'fontsize',20)
%%%%%%%%%%%%%%%%%%%%%%%%%%%%%%%%%%%%%%%%%%%%%%%%%%%%%%%%%%%%%%%%
```

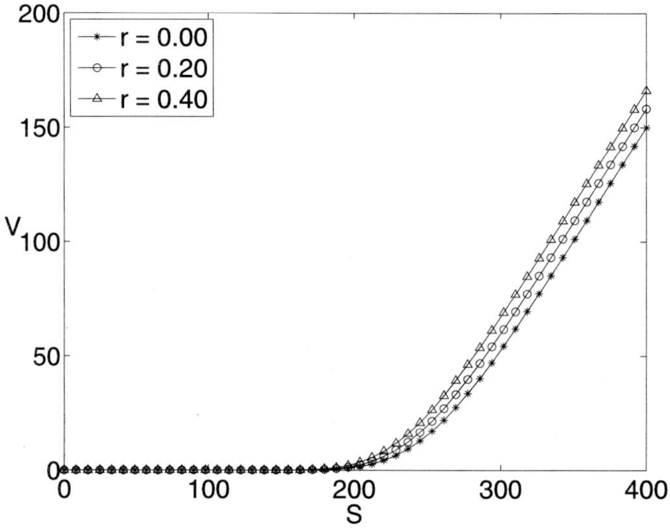

그림 5.4: 이자율(r)에 따른 옵션가격의 변화

1.2.4 잔존기간(T)

option_T.m는 잔존기간에 따라 옵션가격을 구하는 MATLAB 코드로서 실행하면 그림 5.5를 얻게 된다.

```
%%%%%%%%%%%%%%%%%%%%%%%%%%%%%%%% option_T.m %%%%%%%%%%%%%%%%%%%%%%%%%%%%%%
clear all; clc; clf;
S = linspace(0,400,50); E=250; sigma=0.38; r=0.06;
```

```
T = [1/12 5/12 10/12];
for i = 1:3
d1 = (log(S/E) + (r+ 0.5*sigma^2)*T(i))/(sigma*sqrt(T(i)));
d2 = d1 -(sigma*sqrt(T(i)));
CP(:,i) = S.* normcdf(d1) - E * exp(-r * T(i))*normcdf(d2);
end
plot(S,CP(:,1),'k*-',S, CP(:,2),'ko-',S,CP(:,3),'k^-')
legend('T = 1/12','T = 5/12','T = 10/12',2)
xlabel('S','fontsize',20)
ylabel('V','fontsize',20,'rotation',0)
set(gca,'fontsize',20)
%%%%%%%%%%%%%%%%%%%%%%%%%%%%%%%%%%%%%%%%%%%%%%%%%%%%%%%%%%%%%%%%%%%%%%%%%%%%%%%%%%%
```

그림 5.5에서 확인 할 수 있듯이 잔존기간이 증가할수록 옵션가격도 증가한다.

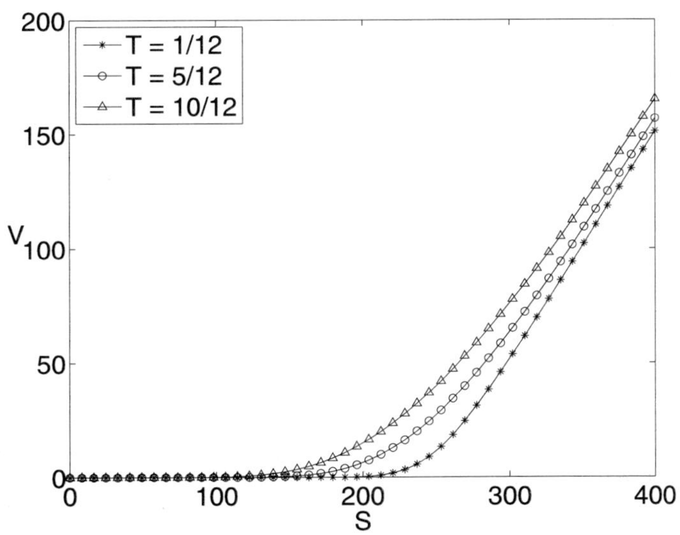

그림 5.5: 잔존기간(t)에 따른 옵션가격의 변화

1.2.5 변동성(σ)

옵션 가격은 변동성(σ)에 대한 증가함수이다. 이를 확인하기 위해 MATLAB 코드option_sig.m을 실행해보자.

```
%%%%%%%%%%%%%%%%%%%%%%%%%%%%%% option_sig.m %%%%%%%%%%%%%%%%%%%%%%%%%%%%%%%%
clear all; clc; clf;
S = linspace(0,400,50); E=250; r=0.06; t = 2/12;
sigma = [0.10 0.38 0.70];
for i = 1:3
d1 = (log(S/E) + (r+ 0.5*sigma(i)^2)*t)/(sigma(i)*sqrt(t));
d2 = d1 -(sigma(i)*sqrt(t));
CP(:,i) = S.* normcdf(d1) - E * exp(-r * t)*normcdf(d2);
end
plot(S,CP(:,1),'k*-',S, CP(:,2),'ko-',S,CP(:,3),'k^-')
legend('\sigma = 0.10','\sigma = 0.38','\sigma = 0.70',2)
xlabel('S','fontsize',20)
ylabel('V','fontsize',20,'rotation',0)
set(gca,'fontsize',20)
%%%%%%%%%%%%%%%%%%%%%%%%%%%%%%%%%%%%%%%%%%%%%%%%%%%%%%%%%%%%%%%%%%%%%%%%%%%%
```

위의 MATLAB 코드에 따른 결과는 그림 5.6에서 확인할 수 있다.
위의 내용을 표로 정리하면 아래표(5.1)와 같이 나타낼 수 있다.

	기초자산	행사가	이자율	변동성	잔존기간
콜옵션	증가	감소	증가	증가	증가
풋옷변	감소	증가	감소	감소	감소

표 5.1: 조건에 따른 옵션 가격의 변화

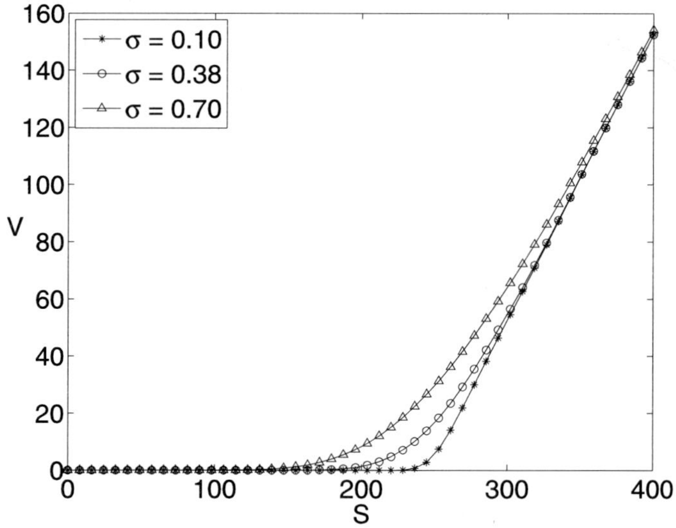

그림 5.6: 변동성(σ)에 따른 옵션가격의 변화

6장

변동성 추정

변동성(volatility)은 옵션의 만기까지의 기초자산가격 변화율의 분포의 표준편차라고 정의할 수 있다. 기초자산이 일정기간동안 어느정도 움직이는지를 나타내는 수치로 과거정보를 바탕으로 일정기간 동안의 기초자산가격 변화율의 표준편차를 역사적변동성이라하고, 옵션의 시장가격에 내재된 변동성을 내재변동성이라고 정의한다.

제 1 절 역사적 변동성(Historical Volatility)

역사적 변동성(Historical Volatility)은 변동성을 예측하기 위한 방법 중에 하나로 과거의 데이타를 분석하여 미래의 변동성을 예측하는 방법이다. 특히 여기서 역사적 변동성이라 하는 것은 과거 일정한 간격으로 관측된 자료의 기대수익률의 표준편차를 말한다. 그럼 이제 자세히 알아보도록 하자.
기초자산가격 S는 Itô 과정

$$dS(t) = \mu S(t)dt + \sigma S(t)dW(t), \quad S(0) = S_0$$

를 따른다고 하자. 여기에 Itô공식을 함수 $f(t, S(t)) = \log S(t)$에 적용을 시키면 아래와 같은 식을 유도할 수 있다.

$$df(t, S(t)) = (\mu - \frac{1}{2}\sigma^2)dt + \sigma dW(t)$$

이제 $f(t, S(t)) = \log S(t)$이므로 위의 식에 대입을 하면

$$d(\log S(t)) = (\mu - \frac{1}{2}\sigma^2)dt + \sigma dW(t)$$

다음으로 시간 0에서 t까지 적분을 하면

$$\log(S(t)) - \log(S(0)) = (\mu - \frac{1}{2}\sigma^2)t + \sigma W(t)$$

그럼 여기서 평균과 분산을 각각 구해보면

$$E[\log S(t)] = E[\log S(0)] + (\mu - \frac{1}{2}\sigma^2)t + E[\sigma W(t)]$$

$E[\sigma W(t)]$은 브라운 운동에 의하여 0이 되고 $(\mu - \frac{1}{2}\sigma^2)t$은 상수이므로

$$\begin{aligned} \therefore E[\log S(t)] &= \log S(0) + (\mu - \frac{1}{2}\sigma^2)t \\ Var[\log S(t)] &= Var[\log S(0) + (\mu - \frac{1}{2}\sigma^2)t + \sigma W(t)] \\ \sigma^2 Var[W(t)] &= \sigma^2 t \end{aligned}$$

그러므로 기초자산가격은 대수정규분포(Log-normal distribution)을 따른다고 할 수 있다.

$$\therefore \log S(t) \sim N(\log S(0) + (\mu - \frac{1}{2}\sigma^2)t, \quad \sigma^2 t)$$

이제 역사적 변동성을 구하는 방법에 대해서 알아보도록 하자. 역사적 변동성을 구하는 방법으로는 일정한 간격으로 관측된 기초자산가격을 이용하여 각각의 기대수익률을 계산을 한 다음에 그것의 표준편차를 구하는 방법으로 계산을 한다.

첫 번째로 기대수익률을 계산을 해보도록 하자. 기대수익률은 현재 주가($S(t)$)부터 이전 주가($S(t-1)$)까지의 비율을 자연로그로 취한 값을 얘기를 한다.

$$R(t) = \log(\frac{S(t)}{S(t-1)})$$

두 번째로는 지금까지 관측한 기대 수익률의 평균을 구한다.

$$R(m) = \frac{\sum_n R(t)}{n}$$

그 다음으로는 기대수익률의 표준편차를 구한다.

$$Std = \sqrt{\frac{\sum (R(t) - R(m))^2}{n-1}}$$

우리가 구한 기대수익률의 평균과 표준편차는 기초자산가격의 평균과 표준편차와 같아야 하므로

$$R(m) = \frac{\sum_n R(t)}{n} \approx \log S(0) + (\mu - \frac{1}{2}\sigma^2)\triangle t$$

$$Std^2 = \frac{\sum (R(t) - R(m))^2}{n-1} \approx \sigma^2 \triangle t$$

그러므로 우리가 구하고 싶은 역사적 변동성 σ는

$$\sigma = \frac{Std}{\sqrt{\triangle t}}$$

[예제]

아래 주어진 표를 이용하여 역사적 변동성을 구해보는 MATLAB 코드를 작성해보자.

주간	주말종가	주간	주말종가
1	230	7	253
2	241	8	237
3	238	9	239
4	227	10	240
5	243	11	253
6	244		

```
%%%%%%%%%%%%%%%%%%%%%%% historical_volatility.m %%%%%%%%%%%%%%%%%%%%%%%%
clear all; clc;
S=[969 989 995 957 915 880 858 859 848 836 845];
N=length(S); sum=0; M=1;
for i=1:N-1
    R(i)=log(S(i)/S(i+1));
    sum=sum+R(i);
end
R_mean=sum/(N-1);
sum=0;
for i=1:N-1
    Rt(i)=(R(i)-R_mean)^2;
    sum=sum+Rt(i);
end
STD=sqrt(sum/(N-2))*100, HV=STD*sqrt(round(365/M))
%%%%%%%%%%%%%%%%%%%%%%%%%%%%%%%%%%%%%%%%%%%%%%%%%%%%%%%%%%%%%%%%%%%%%%%%
```

위의 MATLAB 코드를 실행하면 출력결과는 아래와 같다.

```
STD = 4.3175
HV = 82.4861
```

여기서 STD는 기대수익률의 표준편차를 구한 것이고, HV는 역사적 변동성을 구한 것이다.

제 2 절 내재 변동성(Implied Volatility)

Black-Scholes 옵션가격결정모형에서 산출된 이론가격이 시장가격과 같아지도록 하는 변동성을 내재변동성이라 한다. 이러한 내재변동성은 실제 시장에서 거래하는 사람들이 느끼는 체감 변동성이라고 할 수 있다. 옵션의 이론가는 기초자산가격, 행사가격, 잔존기간, 변동성, 이자율로 결정되어지는데 이중 변동성을 변수로 놓고 역산하여 계산한 값이 내재변동성이다. 이러한 내재변동성은 일반적으로 수치해석적 방법을 적용하여 계산한다. 이 절에서는 콜옵션의 내재변동성을 이분법과 뉴튼 랩슨법을 이용하여 구해보기로 하자.

2.1 이분법(Bisection Method)

이분법(Bisection Method)은 정해진 구간에서 연속인 함수 $f(x) = 0$의 해를 구하는 수치해석 방법이다. 연속인 함수인 경우에는 항상 사용할 수 있기 때문에 내재변동성을 추정할 때 많이 쓰인다. 이분법은 그림 6.1 과 같이 중간값 정리를 이용하여 방정식의 해를 구하는 방법이다. 이제 변동성을 추정하는 방법에 대해 알아보자. 방정식 $f(x) = \text{BScall}(x) - \text{Market}$의 해가 변동성 σ이므로 이분법을 이용해서 구해보자. 기초자산가격 $S = 100$, 행사가격 $E = 100$, 이자율 $r = 0.05$, 만기시간은 $T = 1.0$, 그리고 옵션의 시장가격 $\text{Market} = 20$으로 가정하고 변동성의 구간을 $[0.0001, 5]$라고 가정하자. 여기서 $vol_a = 0.0001$와 $vol_b = 5$이므로 중간값 $vol_{mid} = \frac{(vol_a+vol_b)}{2}$이다. 아래는 이분법을 이용하여 내재 변동성을 구하는 순서이다.

- $vol_{mid} = \frac{(vol_a+vol_b)}{2}$
- $f(vol_a) \cdot f(vol_{mid}) \leq 0$
  조건이 성립하면 $vol_a = vol_a$, $vol_b = vol_{mid}$,
  조건이 성립하지 않으면 $vol_a = vol_{mid}$, $vol_b = vol_b$

위의 과정을 오차한계치 $1.0e-6$가 될 때까지 해를 구하면 된다. `bisection_vol.m`는 이분법을 이용하여 내재변동성을 구한 MATLAB 코드이다.

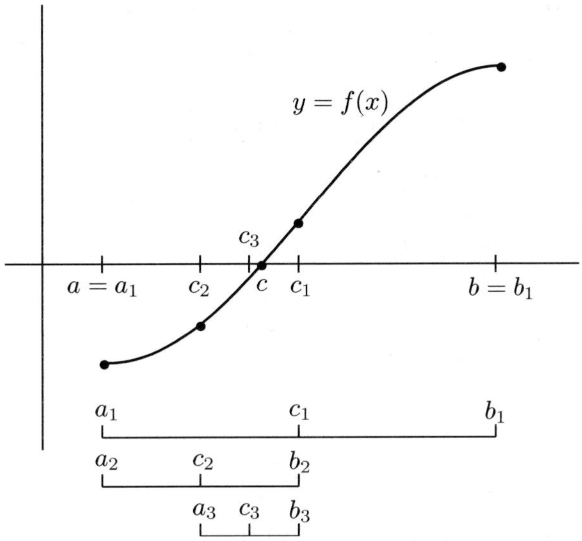

그림 6.1: 이분법 해 찾기

```
%%%%%%%%%%%%%%%%%%%%%%%%%%%% bisection_vol.m %%%%%%%%%%%%%%%%%%%%%%%%%%%%%%
clear all; clc;
S=100; E=100; T=1.0; Market=20; r=0.05;
vol_a=0.0001; vol_b=5; % volaility의 임의의 구간 지정
vol_mid=(vol_a+vol_b)*0.5; tol=1.0e-6; n=1;
while abs(vol_mid-vol_b) >= tol
    d1=(log(S/E)+(r+vol_a^2*0.5)*T)/(vol_a*sqrt(T));
    d2=d1-vol_a*sqrt(T);
    BScall1 = S*normcdf(d1)-E*exp(-r*T)*normcdf(d2);
    d1=(log(S/E)+(r+vol_mid^2*0.5)*T)/(vol_mid*sqrt(T));
    d2=d1-vol_mid*sqrt(T);
    BScall2 = S*normcdf(d1)-E*exp(-r*T)*normcdf(d2);

    fa=BScall1-Market; fmid=BScall2-Market;

    if fa*fmid <=0
        vol_b=vol_mid;
    else
```

```
        vol_a=vol_mid;
    end
        vol_mid=(vol_a+vol_b)*0.5;     n=n+1;
end
Bisection_vol=vol_mid
%%%%%%%%%%%%%%%%%%%%%%%%%%%%%%%%%%%%%%%%%%%%%%%%%%%%%%%%%%%%%%%%%%%%%%%%%%%%%%%%
```

출력결과는 다음과 같다.

```
>> Bisection_vol = 0.4523
```

2.2 뉴튼 랩슨법(Newton-Rapson Method)

이분법은 내재 변동성을 구하기 위한 방법 중에 하나이다. 하지만 이분법은 가격과 시간이 많이 소요가 된다. 이러한 문제를 해결하기 위해 고안된 방법이 뉴튼 랩슨법이다. 뉴튼 랩슨법은 미분가능한 함수 $f(x) = 0$의 해를 구하는 수치해석방법이다. 그림 6.2에서와 같이 임의의 초기값 x_0에서 $f(x)$에 접하는 접선의 방정식 $g(x) = f'(x_0)(x - x_0) + f(x_0)$을 구하고 x축과의 교점을 구한 후 교점 x_1를 이용하여 다시 $f(x)$에 접하는 접선과 x축과 만나는 교점을 구하며, 이를 반복함으로써 $f(x)$의 근사해

$$x_{i+1} = x_i - \frac{f(x_i)}{f'(x_i)}$$

를 구해가는 방법이다.

$f(\sigma) = V(\sigma) - V_m$이라 하자. 내재변동성을 뉴튼 랩슨법에 따라 구하는 공식은 아래와 같다.

$$\sigma_{i+1} = \sigma_i - \frac{V(\sigma_i) - V_m}{\partial V/\partial \sigma_i} = \sigma_i - \frac{V(\sigma_i) - V_m}{S\sqrt{T}N'(d_1)} \tag{6.1}$$

여기서 σ_i는 추정변동성, V_m은 옵션의 시장가격, $\frac{\partial V}{\partial \sigma_i} = S\sqrt{T}N'(d_1)$[1]는 베가(Vega, 변동성에 따른 옵션가치의 민감도, 자세한 내용은 제 7장의 유한차분법의 Greek참고)를 나타낸다. 다음은 내재변동성을 구하는 간단한 예제이다. 기초자산가격 $S = 100$, 행사가격 $E = 100$, 이자율 $r = 0.05$, 만기시간은 $T = 1.0$, 그리고 옵션의 시장가격 $V_m = 20$으로 가정하고 초기 값은

[1]위의 식에서 사용되는 d_1은 다음과 같다.

$$d_1 = \frac{\ln(S/E) + (r + \sigma^2/2)T}{\sigma\sqrt{T}}$$

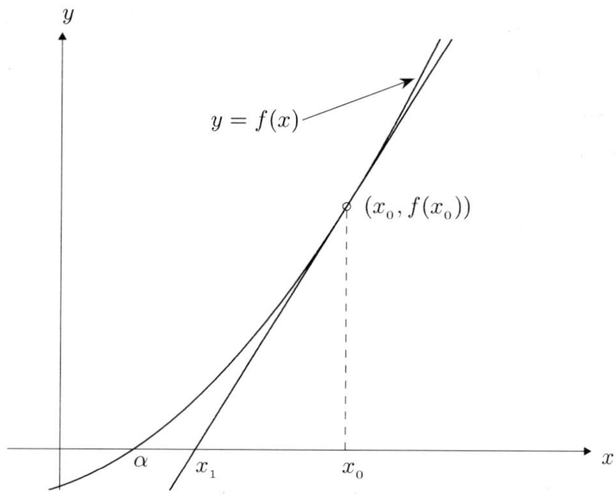

그림 6.2: 뉴튼랩슨법 해 찾기

0.2로 설정하였고, 수치 해석적 방법으로 해를 구할 때 필요한 오차 한계치는 $1.0e-6$로 하였다. `Newton_implied_vol.m`는 위의 식을 이용하여 내재변동성을 구한 MATLAB 코드이다.

```
%%%%%%%%%%%%%%%%%%%%%%%%% Newton_implied_vol.m %%%%%%%%%%%%%%%%%%%%%%%%%%
clear; clc;
S = 100 ; E = 100; r = 0.05; T = 1.0; Vm = 20;
vol = 0.2; tol = 1.0e-6;
d1 = (log(S/E)+(r+vol^2/2)*T)/(vol*sqrt(T));
d2 = d1-vol*sqrt(T);
price = S*normcdf(d1)-E*exp(-r*T)*normcdf(d2);
vega = S*sqrt(T)*normpdf(d1);
while abs(price - Vm) > tol
    vol = vol - (price - Vm) / vega;
    d1 = (log(S/E)+(r+vol^2/2)*T)/(vol*sqrt(T));
    d2 = d1-vol*sqrt(T);
    price = S*normcdf(d1)-E*exp(-r*T)*normcdf(d2);
    vega = S*sqrt(T)*normpdf(d1);
end
 Implied_Vol = vol
%%%%%%%%%%%%%%%%%%%%%%%%%%%%%%%%%%%%%%%%%%%%%%%%%%%%%%%%%%%%%%%%%%%%%%%%%%%
```

출력결과는 다음과 같다.

```
>> Newton_implied_vol
Implied_Vol = 0.4523
```

앞의 이분법으로 계산한 결과와 같다는 것을 알 수 있다. 하지만 이분법에 비해 훨씬 구하는 속도가 빠르지만, 뉴튼랩슨법의 경우는 초기값을 잘 지정하는 것이 굉장히 중요한 요소가 된다. 왜냐하면 초기값을 잘못 지정을 하여 $f'(x) = 0$이 되는 값을 택하게 된다면 우리는 뉴튼랩슨법으로 내재 변동성을 구할 수 없을 것이다.

[연습문제]

1. $f(x) = e^{2x} - e^{x} - 2 = 0$은 구간 $[0, 1]$에서 근을 갖는다. Newton-Rapson 방법을 사용하여 근을 구하여라.

제 3 절 변동성 스마일(Volatility Smile)

지금까지 내재 변동성을 구하는 2가지 방법에 대해서 배워보았다. 그럼 내재 변동성이 가지고 있는 특징에 대해서 알아보도록 하자. 가장 두드러진 특징으로는 옵션의 행사가격에 따라 변화되는 내재 변동성을 그림으로 나타낸 것을 변동성 스마일(Volatility Smile)이라 한다. 그러면 이제 변동성 스마일에 대해서 더 자세히 알아보도록 하자.
일반적인 콜옵션의 내재가치는 $C = \text{Max}[0, S(T) - E]$로서 내재가치가 0을 초과하는 경우를 **내가격**(ITM: in-the-money), 내재가치가 0인 경우를 **등가격**(ATM: at-the-money), 그리고 내재가치가 없는 경우를 **외가격**(OTM: out-of-the-money)라고 나누어 진다. 변동성 스마일의 경우는 등가격일 때의 옵션의 내재 변동성이 가장 낮고, 내가격과 외가격에서는 상대적으로 내재 변동성이 높게 나타나 웃는 입모양의 그림으로 나타난다고 해서 스마일이라 한다. 내가격과 외가격에서 상대적으로 내재변동성이 높게 나타나는 이유는 적정 옵션 가격보다 비싸기 때문이다. 그렇기 때문에 옵션 수요가 많을수록 내재 변동성이 클 수 밖에 없다.

보통 옵션은 콜옵션, 풋옵션에 관계없이 변동성 스마일이 나타나야 하지만 현재 시장에서는 주로 주식을 기반으로 하는 옵션 시장에서는 콜옵션에서는 변동성 편이현상(Volatility Skew)(그림 (6.3)), 풋옵션에서는 변동성 스마일 현상이 주로 나타난다.

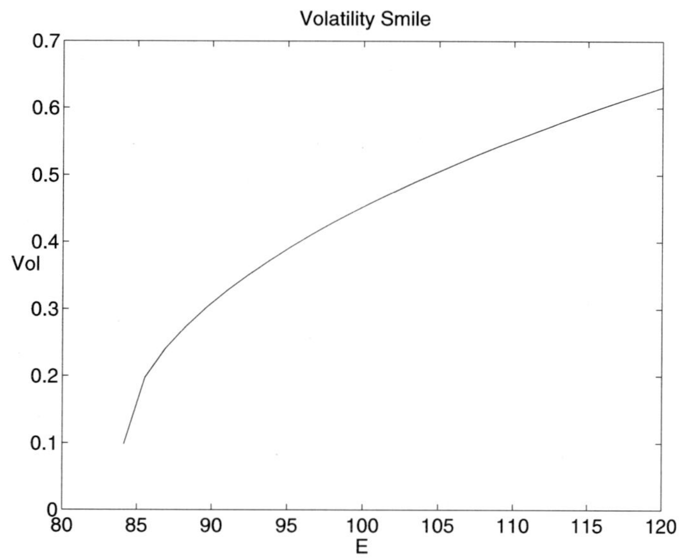
Volatility Smile
Vol
E
0.7
0.6
0.5
0.4
0.3
0.2
0.1
0
80
85
90
95
100
105
110
115
120

그림 6.3: 변동성 스마일

7 장

유한 차분법
(Finite Difference Method)

제 1 절 개요

유한차분법은 미분방정식 (differential equation)을 차분방정식 (difference equation)으로 이산화 시켜서 수치적인 해를 구하는 방법이다. 이 장에서는 유한차분법을 사용하여 열방정식 (heat equation)과 블랙 숄즈 편미분방정식의 근사해를 구할 것이다. 먼저 Taylor의 정리[1]를 바탕으로 하고 있는 유한차분법의 기본 원리를 살펴보자. Taylor의 정리를 이용하면 함수 $u(x+h,t)$는 다음과 같이 (x,t) 에서의 u 함수값과 미분값들의 무한급수로 나타낼 수 있다.

$$u(x+h,t) = u(x,t) + u_x(x,t)h + \frac{u_{xx}(x,t)}{2}h^2 + \frac{u_{xxx}(x,t)}{3!}h^3 + \cdots \tag{7.1}$$

$u_x(x,t)$에 대해서 정리하면, 1차미분에 대한 차분식을 얻는다.

$$u_x(x,t) = \frac{u(x+h,t) - u(x,t)}{h} + O(h). \tag{7.2}$$

이것이 전방 차분법 (forward difference method)이다. 마찬가지로, 변수 t에 관하여 전방차분을 하면

$$u_t(x,t) = \frac{u(x,t+k) - u(x,t)}{k} + O(k) \tag{7.3}$$

[1]Taylor 정리: 함수 $f(x)$가 $x = x_0$에서 n번 미분가능하다고 하자.

$$p_n(x) = u(x_0) + u'(x_0)(x-x_0) + \frac{u''(x_0)}{2!}(x-x_0)^2 + \ldots + \frac{u^{(n)}(x_0)}{n!}(x-x_0)^n$$

을 $x = x_0$에서 $u(x)$의 n번째 Taylor 다항식이라 한다.

를 얻는다. 후방차분법 (backward difference method)은

$$u(x-h,t) = u(x,t) - u_x(x,t)h + \frac{u_{xx}(x,t)}{2}h^2 - \frac{u_{xxx}(x,t)}{3!}h^3 + \cdots \tag{7.4}$$

식 (7.4)를 $u_x(x,t)$에 대해서 정리하면,

$$u_x(x,t) = \frac{u(x,t) - u(x-h,t)}{h} + O(h). \tag{7.5}$$

식 (7.1)에서 식(7.4)을 뺀 다음 $u_x(x,t)$에 대해서 정리하면, 다음의 중앙차분방정식 (central difference equation)을 얻는다.

$$u_x(x,t) = \frac{u(x+h,t) - u(x-h,t)}{2h} + O(h^2). \tag{7.6}$$

식(7.1)에서 식(7.4)을 더한 다음 $u_{xx}(x,t)$에 대해서 정리하면,

$$u_{xx}(x,t) = \frac{u(x+h,t) - 2u(x,t) + u(x-h,t)}{h^2} + O(h^2). \tag{7.7}$$

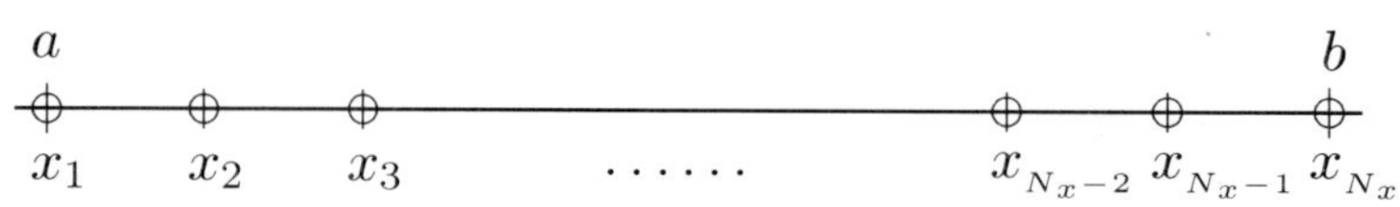

그림 7.1: 유한차분근사를 위한 격자

그림 7.1와 같이 구간 $[a,b]$를 균등하게 N_x-1등분하고 마디점을 x_i, 두 점 사이의 간격을 h라 하자. k만큼 떨어진 동등한 시간 구간의 결절점들로 t축을 나누자. 그러면 $h=(b-a)/(N_x-1)$, $x_i = a+(i-1)h$이고 $a = x_1 < x_2 < \cdots < x_{N_x-1} < x_{N_x} = b$와 같이 된다. 여기서 $u_i^n = u(a+(i-1)h, (n-1)k)$ 라고 쓰기로 한다.

제 2 절 열 방정식에 대한 유한 차분법

유한차분법을 이용하여 열방정식을 풀어보기로 하자. 열방정식은 식(7.8)과 같은 편미분 방정식이다.

$$u_t(x,t) = u_{xx}(x,t), \qquad 0 < x < 1, \qquad t > 0. \tag{7.8}$$

이 때 경계조건은 $u(0,t) = u(1,t) = 0 \ \ (t>0)$이고 초기조건은 $u(x,0) = \sin(\pi x) \ \ (0 \le x \le 1)$을 만족한다. 해석해는 $u(x,t) = \sin(\pi x)\mathrm{e}^{-\pi^2 t}$이며 그림 (7.2)와 그림 (7.3)처럼 그래프로 나타낼 수 있다. 이 방정식에 대한 근사해를 명시적, 함축적, 그리고 크랭크-니콜슨 유한차분법을 이용하여 구해보자.

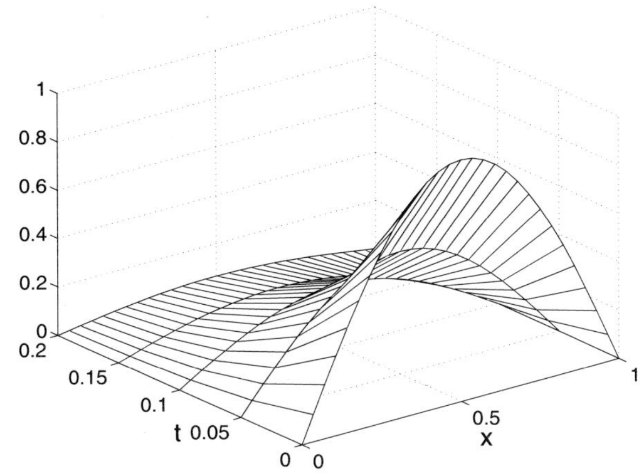

그림 7.2: 열방정식의 해석해

2.1 명시적 (Explicit) 유한 차분법

먼저 정수 $N_x > 0$을 선택하고 $h = 1/(N_x - 1)$이라 정의하면, 식(7.3)와 (7.7)을 이용하여, 열방정식(7.8)에 대해 다음과 같이 유한차분법을 적용할 수 있게 된다. 시간에 대해서 u_t을 유한 전방차분 그리고 공간에 대해서 u_{xx}에 대한 중앙을 이용하여 열방정식을 다음과 같이 이산화 시켜서 나타낼 수 있다.

$$\frac{u_i^{n+1} - u_i^n}{k} + O(k) = \frac{u_{i+1}^n - 2u_i^n + u_{i-1}^n}{h^2} + O(h^2) \tag{7.9}$$

$$\text{for} \quad i = 2, \ldots, N_x - 1 \quad \text{and} \quad n = 1, 2, \ldots, N_t.$$

$O(k)$와 $O(h^2)$를 무시하면, 식(7.9)를 차분방정식

$$u_i^{n+1} = u_i^n + \alpha(u_{i+1}^n - 2u_i^n + u_{i-1}^n), \ \alpha = \frac{k}{h^2} \tag{7.10}$$

으로 정리할 수 있다. 초기치는 $u_i^1 = \sin(\pi x_i)$ for $i = 1, 2, \ldots, N_x$이다. u_i^n을 알고 있다면, 명시적으로 u_i^{n+1}을 계산할 수 있다. 이것이 이 방법을 명시적이라 부르는 이유이다. heatex.m은 $\alpha = 0.45$, $N_x = 30$일 때, 시간에 따른 열방정식의 해를 나타낸 MATLAB 코드이다.

```
%%%%%%%%%%%%%%%%%%%%%%%%%%%%%%%% heatex.m %%%%%%%%%%%%%%%%%%%%%%%%%%%%%%%%
clf; clear; clc; alpha=0.45; Nx=30; x=linspace(0,1,Nx);
h=x(2)-x(1); k=alpha*h^2; T=0.125; Nt=round(T/k);
u(1:Nx,1:Nt+1)=0; u(:,1)=sin(pi*x); exu=u;
```

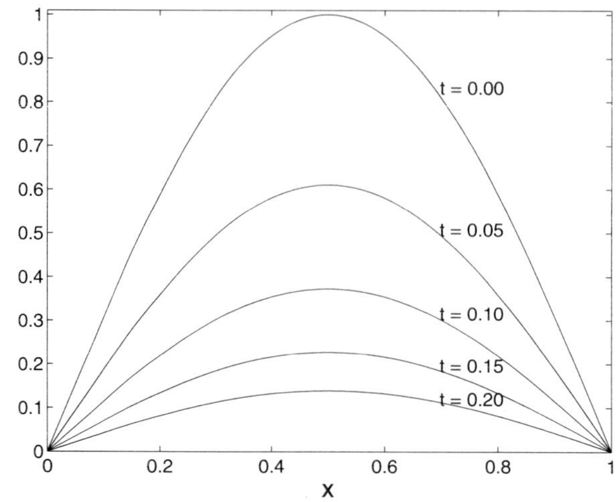

그림 7.3: 열방정식의 해석해

```
for n=1:Nt
    for i=2:Nx-1
        u(i,n+1) = u(i,n)+alpha*(u(i-1,n)-2*u(i,n)+u(i+1,n));
      exu(i,n+1) = sin(pi*x(i))*exp(-pi^2*(k*n));
    end
end
plot(x,u(:,1),'k*',x,u(:,50),'kd',x,u(:,100),'ks',...
     x,u(:,Nt+1),'ko');
hold
plot(x,exu(:,1),'k',x,exu(:,50),'k',x,exu(:,100),'k',...
    x,exu(:,Nt+1),'k')
legend('initial','n=50','n=100','n=Nt+1','exact solution',-1)
xlabel('x','FontSize',20); ylabel('u(x,t)','FontSize',20)
%%%%%%%%%%%%%%%%%%%%%%%%%%%%%%%%%%%%%%%%%%%%%%%%%%%%%%%%%%%%%%%%%%%%%%%%%
```

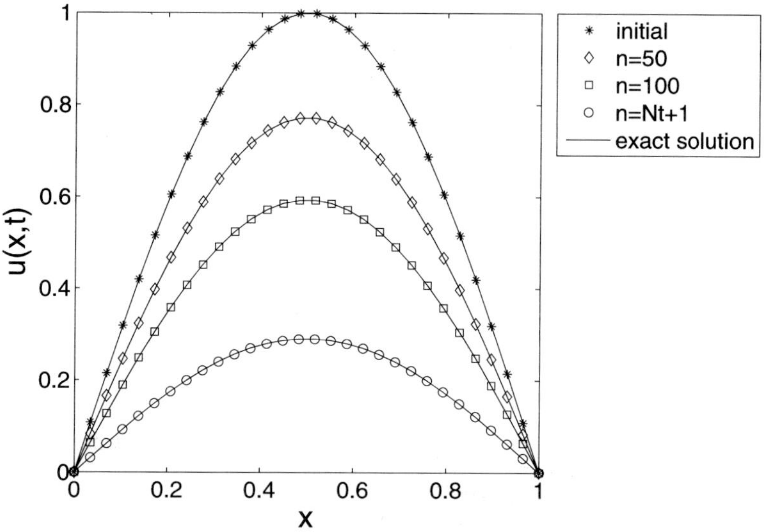

그림 7.4: $\alpha = 0.45$인 안정한 상태

다음은 'for 문'을 이용하지 않고 벡터를 이용하여 명시적 방법으로 구한 MATLAB 코드이다.

```
%%%%%%%%%%%%%%%%%%%%%%%%%%%%%%%%%% FTCS %%%%%%%%%%%%%%%%%%%%%%%%%%%%%%%%%%
clear all; clc; clf;
%%%%%%%%%%%%%%%%%%%%%%%%%%%%%%% Parameters %%%%%%%%%%%%%%%%%%%%%%%%%%%%%%%
L = pi; Nx =14; h = L/Nx;
T = 3; Nt = 150; k = T/Nt; alpha = k/h^2;
%%%%%%%%%%%%%%%%%%%%%%%%%%%% solving Heat equation %%%%%%%%%%%%%%%%%%%%%%%%%
F = (1-2*alpha)*eye(Nx-1,Nx-1) + alpha ...
    *diag(ones(Nx-2,1),1) + alpha*diag(ones(Nx-2,1),-1);
U = zeros(Nx-1,Nt+1);
U(:,1) = sin([h:h:L-h]');
for i = 1:Nt
    U(:,i+1) = F*U(:,i);
end
bc = zeros(1,Nt+1);
U = [bc;U;bc];
%%%%%%%%%%%%%%%%%%%%%%%%%%%%%%%%%% Ploting %%%%%%%%%%%%%%%%%%%%%%%%%%%%%%%%%
```

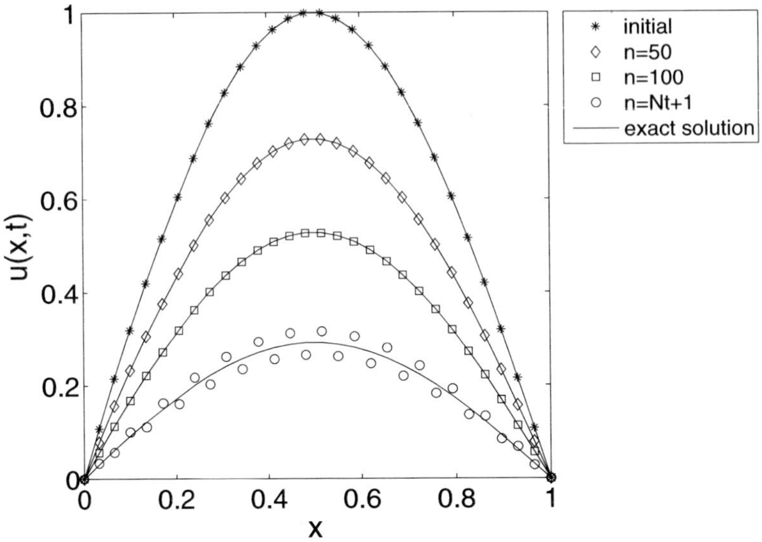

그림 7.5: $\alpha = 0.55$인 불안정한 상태

```
mesh(U')
colormap([0 0 0])
xlabel('x','FontSize',20')
ylabel('t','FontSize',20')
```

2.1.1 명시적방법의 안정성 문제 - 폰 노이만 (von Neumann) 방법

폰노이만 방법 은 초기조건을 유한개의 푸리에 급수 (finite Fourier series)로 나타낸 다음, 함수의 성장을 고려하는 것이다. 푸리에 급수는 사인과 코사인의 조합으로 표현할 수도 있지만 복소지수함수로 나타내면 계산을 간단하게 할 수 있다. 시간이 지남에 따라서

$$u_k^n = e^{i\beta kh}\xi^n \tag{7.11}$$

이 어떻게 성장하는가 보자. 식 (7.11)을 방정식 (7.10)에 대입을 하면 다음을 얻는다.

$$\begin{aligned} e^{i\beta kh}\xi^{n+1} &= \alpha e^{i\beta(k-1)h}\xi^n + (1-2\alpha)e^{i\beta kh}\xi^n + \alpha e^{i\beta(k+1)h}\xi^n, \\ \xi &= \alpha e^{-i\beta h} + (1-2\alpha) + \alpha e^{i\beta h} = 1 - 4\alpha\sin^2\frac{\beta h}{2}. \end{aligned}$$

양유한차분해가 von Neumann관점에서 안정적이기 위한 필요충분조건은 $|\xi| \le 1$이다. 그러므로 다음의 부등식이 성립한다.

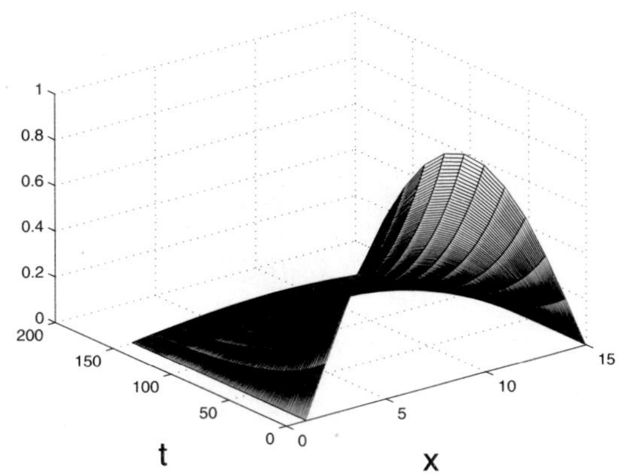

그림 7.6: $\alpha = 0.3972$인 안정한 상태

$$0 \le \alpha \sin^2 \frac{\beta h}{2} \le \frac{1}{2}. \tag{7.12}$$

따라서, 양유한차분해가 안정적이기 위한 필요충분조건은 다음과 같다.

$$0 < \alpha \le \frac{1}{2}. \tag{7.13}$$

그림 7.4에서 $\alpha = 0.45$일때 계산된 값은 정확한 해에 가까워지지만, 그림 7.5에서 보듯이 $\alpha = 0.55$일때 계산된 값은 정확한 해로 수렴하지 않는다. 즉 α의 값이 커짐에 따라 구한 해가 불안정할 수 있다는 점이 명시적 유한차분법의 단점이다.

2.2 함축적 (Implicit) 유한 차분법

명시적 유한차분법의 안정조건인 $0 < \alpha \le \frac{1}{2}$의 제약을 피하기 위해 함축적 유한 차분법을 이용한다. 함축적 방법은 시간간격을 작게 취하지 않고도 많은 수의 격자점들을 이용할 수 있다. 다만 함축적 방법은 유한차분 연립방정식의 해를 구해야 한다. 보통 함축적 유한차분법이라고 알려진 완전 함축적 유한차분법은 u_t에 대한 후방 유한차분근사와 u_{xx}에 대한 중앙차분근사를 이용한다. 따라서 다음과 같은 함축적 유한차분 방정식을 이끌어 낼 수 있다.

$$\frac{u_i^{n+1} - u_i^n}{k} = \frac{u_{i-1}^{n+1} - 2u_i^{n+1} + u_{i+1}^{n+1}}{h^2}.$$

다시 정리하면 다음의 함축적 유한차분방정식

$$-\alpha u_{i-1}^{n+1} + (1+2\alpha) u_i^{n+1} - \alpha u_{i+1}^{n+1} = u_i^n, \ \alpha = \frac{k}{h^2} \quad \text{for each } i = 2, \cdots, N_x - 1 \tag{7.14}$$

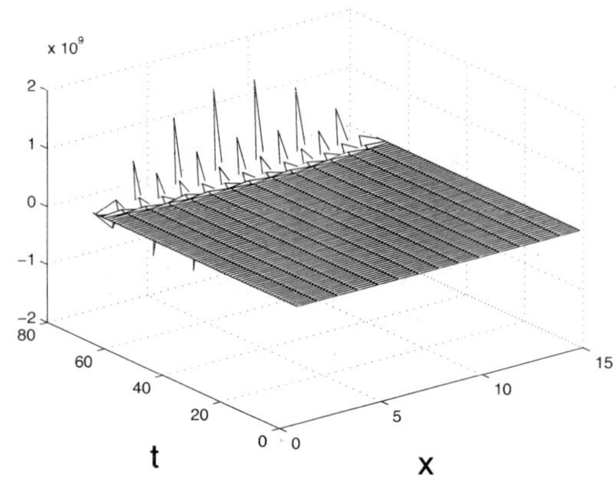

그림 7.7: $\alpha = 0.8511$인 불안정한 상태

을 얻게 된다. (7.14)는 다음과 같은 선형 시스템 (linear system)으로 나타낼 수 있다.

$$\begin{pmatrix} 1+2\alpha & -\alpha & 0 & \dots & 0 \\ -\alpha & 1+2\alpha & -\alpha & & 0 \\ 0 & -\alpha & \ddots & \ddots & \vdots \\ \vdots & & \ddots & \ddots & -\alpha \\ 0 & 0 & & -\alpha & 1+2\alpha \end{pmatrix} \begin{pmatrix} u_2^{n+1} \\ u_3^{n+1} \\ \vdots \\ \vdots \\ u_{N_x-1}^{n+1} \end{pmatrix} = \begin{pmatrix} \alpha u_1^{n+1} + u_2^n \\ u_3^n \\ \vdots \\ \vdots \\ u_{N_x-1}^n + \alpha u_{N_x}^{n+1} \end{pmatrix} = \begin{pmatrix} b_2^n \\ b_3^n \\ \vdots \\ \vdots \\ b_{N_x-1}^n \end{pmatrix}. \tag{7.15}$$

(7.15)은 좀 더 압축된 형태인

$$\mathbf{A}\boldsymbol{u}^{n+1} = \boldsymbol{b}^n \tag{7.16}$$

으로 나타낼 수 있다. 여기서 $\boldsymbol{u}^{n+1}$와 $\boldsymbol{b}^n$는 $(N_x - 2)-$차원의 벡터들인

$$\boldsymbol{u}^{n+1} = (u_2^{n+1}, \cdots, u_{N_x-1}^{n+1})^T, \quad \boldsymbol{b}^n = \boldsymbol{u}^n + \alpha(u_1^n, 0, \cdots, 0, u_{N_x}^{n+1})^T$$

을 뜻하며, $\mathbf{A}$은 (7.15)에서 주어진 $(N_x - 2)-$정방대칭행렬을 뜻한다. $\alpha \geq 0$에 대하여 $\mathbf{A}$은 가역 (invertible)이므로

$$\boldsymbol{u}^{n+1} = \mathbf{A}^{-1}\boldsymbol{b}^n \tag{7.17}$$

이다. 그러므로 $\boldsymbol{u}^n$과 경계조건에 의해 구해지는 $\boldsymbol{b}^n$에 의해 $\boldsymbol{u}^{n+1}$를 찾을 수 있다. 초기조건은 $\boldsymbol{u}^1$에 의해 결정되므로, 각각의 $\boldsymbol{u}^{n+1}$을 순차적으로 구할 수 있다.

2.2.1 토마스 알고리즘 (Thomas Algorithm)

영이 아닌 원소를 가지는 다음 행렬을 살펴보자.

$$\begin{pmatrix} d_1 & c_1 & & & & & & \\ a_1 & d_2 & c_2 & & & & & \\ & a_2 & d_3 & c_3 & & & & \\ & & \ddots & \ddots & \ddots & & & \\ & & & a_{i-1} & d_i & c_i & & \\ & & & & \ddots & \ddots & \ddots & \\ & & & & & a_{N_x-2} & d_{N_x-1} & c_{N_x-1} \\ & & & & & & a_{N_x-1} & d_{N_x} \end{pmatrix} \begin{pmatrix} x_1 \\ x_2 \\ x_3 \\ \vdots \\ x_i \\ \vdots \\ x_{N_x-1} \\ x_{N_x} \end{pmatrix}$$
$$= \begin{pmatrix} b_1 \\ b_2 \\ b_3 \\ \vdots \\ b_i \\ \vdots \\ b_{N_x-1} \\ b_{N_x} \end{pmatrix}, \tag{7.18}$$

여기서 표시되지 않은 원소들은 모두 0이다. 삼중대각(Tridiagonal) 행렬은 $|i - j| \geq 2$일 때, $a_{ij} = 0$가 되는 특징을 가지고 있다. 이제 삼중대각 행렬의 해를 구하는 알고리즘을 구해보자.

1행에 a_1/d_1을 곱한 값을 2행에서 뺀다. 그러면 a_1의 자리에는 0이 위치하게 되고 d_2와 b_2의 값도 다음과 같이 변하게 된다.

$$d_2 = d_2 - \frac{a_1}{d_1}c_1, \qquad b_2 = b_2 - \frac{a_1}{d_1}b_1$$

하지만 c_2는 변하지 않는다.

$$\begin{pmatrix} d_1 & c_1 & & & & & & \\ 0 & d_2 - \dfrac{a_1 c_1}{d_1} & c_2 & & & & & \\ & a_2 & d_3 & c_3 & & & & \\ & & \ddots & \ddots & \ddots & & & \\ & & & a_{i-1} & d_i & c_i & & \\ & & & & \ddots & \ddots & \ddots & \\ & & & & & a_{N_x-2} & d_{N_x-1} & c_{N_x-1} \\ & & & & & & a_{N_x-1} & d_{N_x} \end{pmatrix} \begin{pmatrix} x_1 \\ x_2 \\ x_3 \\ \vdots \\ x_i \\ \vdots \\ x_{N_x-1} \\ x_{N_x} \end{pmatrix}$$

$$= \begin{pmatrix} b_1 \\ b_2 - \dfrac{a_1 b_1}{d_1} \\ b_3 \\ \vdots \\ b_i \\ \vdots \\ b_{N_x-1} \\ b_{N_x} \end{pmatrix}.$$

이 과정을 반복하여 적용하면 각각의 단계에서 d_i와 b_i들은 다음과 같이 바뀌게 된다:

$$d_i = d_i - \frac{a_{i-1}}{d_{i-1}}c_{i-1}, \qquad b_i = b_i - \frac{a_{i-1}}{d_{i-1}}b_{i-1} \qquad (2 \le i \le N_x).$$

전방소거의 결과로, 식(7.18)은 다음의 형태를 갖게 된다.

$$\begin{pmatrix} d_1 & c_1 & & & & & & \\ & d_2 & c_2 & & & & & \\ & & d_3 & c_3 & & & & \\ & & & \ddots & \ddots & & & \\ & & & & d_i & c_i & & \\ & & & & & \ddots & \ddots & \\ & & & & & & d_{N_x-1} & c_{N_x-1} \\ & & & & & & & d_{N_x} \end{pmatrix} \begin{pmatrix} x_1 \\ x_2 \\ x_3 \\ \vdots \\ x_i \\ \vdots \\ x_{N_x-1} \\ x_{N_x} \end{pmatrix} = \begin{pmatrix} b_1 \\ b_2 \\ b_3 \\ \vdots \\ b_i \\ \vdots \\ b_{N_x-1} \\ b_{N_x} \end{pmatrix}.$$

여기서 b_i와 d_i들은 처음 값과는 다른 값을 가지고 있지만 c_i의 값들은 처음 값과 동일하다. 이제 후방대입을 통해 x_{N_x}, x_{N_x-1}, $\cdots$, x_1을 차례로 구할 수 있다:

$$\begin{aligned} x_{N_x} &= \frac{b_{N_x}}{d_{N_x}}, \\ x_i &= \frac{1}{d_i}(b_i - c_i x_{i+1}), \qquad i = N_x - 1,\ N_x - 2,\ \cdots,\ 1. \end{aligned}$$

heatim.m은 열방정식의 함축적 유한 차분법을 이용한 수치해를 토마스 알고리즘을 이용하여 구하는 MATLAB 코드이다.

```
%%%%%%%%%%%%%%%%%%%%%%%%%%%%%%%% heatim.m %%%%%%%%%%%%%%%%%%%%%%%%%%%%%%%%%%
clear; clc; clf; Nx=12; x=linspace(0,1,Nx); h=x(2)-x(1);
T=0.1; alpha=2; k=alpha*(h^2); Nt=round(T/k);
u(:,1)=sin(pi*x);
for i=1:Nx-2
    dd(i)= 1 + 2*alpha; c(i)= - alpha; a(i)= - alpha;
end
for n=1:Nt
    d=dd;
    for i=1:Nx-2
        b(i)=u(i+1,n);
    end
```

```
    for i=2:Nx-2
    xmult= a(i-1)/d(i-1);
    d(i) = d(i) - xmult*c(i-1);
    b(i) = b(i) - xmult*b(i-1);
    end
       u(Nx-1,n+1) = b(Nx-2)/d(Nx-2);
    for i = Nx-3:-1:1
       u(i+1,n+1) = (b(i) - c(i)*u(i+2,n+1))/d(i);
    end
end
plot(x,u,'ko-')
xlabel('x','FontSize',20); ylabel('u(x,t)','FontSize',20);
%%%%%%%%%%%%%%%%%%%%%%%%%%%%%%%%%%%%%%%%%%%%%%%%%%%%%%%%%%%%%%%%%%%%%%%%%%%%
```

위의 코드 heatim.m를 실행하면 다음의 결과를 얻을 수 있다.

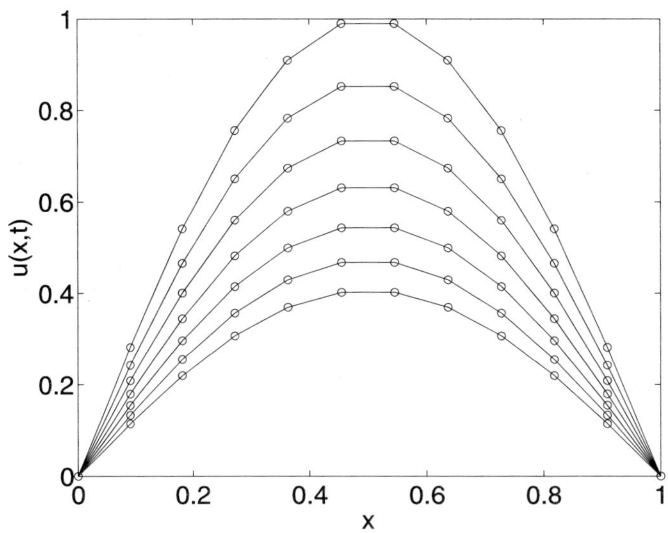

그림 7.8: 함축적 열방정식 $\alpha = 2$인 안정한 상태

함축적 방법에서는 토마스 알고리즘을 많이 쓰이게 된다. 하지만 매번 MATLAB 코드를 작성할 때마다 토마스 알고리즘의 식을 많이 쓰게 되면 코드가 굉장히 복잡하게 된다. 이 경우 토마스 알고리즘을 함수로 지정을 하게 되면 내가 쓰고 싶을 때 편하게 항상 쉽게 함수를 불러 쓸 수 있게 된다.

아래 MATLAB 코드는 함수로 만들어서 함축적인 방법으로 열방정식을 푼 코드이다.

```
function x = thomas(alpha, beta, gamma, f)

bbb(1)=beta(1); fff(1)=f(1); n=length(f);

for i=2:n
    mult=alpha(i)/bbb(i-1);
    bbb(i)=beta(i)-mult*gamma(i-1);
    fff(i)=f(i)-mult*fff(i-1);
end
x(n)=fff(n)/bbb(n);
for i=n-1:-1:1
    x(i)=(fff(i)-gamma(i)*x(i+1))/bbb(i);
end
```

이번에는 열방정식을 함축적 방법으로 풀기 위해 벡터를 이용하여 푸는 방법이다.

```
%%%%%%%%%%%%%%%%%%%%%%%%%%%%%%%%% BTCS %%%%%%%%%%%%%%%%%%%%%%%%%%%%%%%%%%%%
clear all; clc; clf;
%%%%%%%%%%%%%%%%%%%%%%%%%%%%%% Parameters %%%%%%%%%%%%%%%%%%%%%%%%%%%%%%%%%
L = pi; Nx = 14; h = L/Nx;
T = 3; Nt = 50; k = T/Nt; alpha = k/h^2;
%%%%%%%%%%%%%%%%%%%%%%%%% solving Heat equation %%%%%%%%%%%%%%%%%%%%%%%%%%%
B = (1+2*alpha)*eye(Nx-1,Nx-1) - alpha ...
    *diag(ones(Nx-2,1),1) - alpha*diag(ones(Nx-2,1),-1);
U = zeros(Nx-1,Nt+1);
U(:,1) = sin([h:h:L-h]');
for i = 1:Nt
    U(:,i+1) = B\U(:,i);
end
bc = zeros(1,Nt+1);
U = [bc;U;bc];
%%%%%%%%%%%%%%%%%%%%%%%%%%%%%% Ploting %%%%%%%%%%%%%%%%%%%%%%%%%%%%%%%%%%%%
```

```
mesh(U'); colormap([0 0 0])
xlabel('x','FontSize',20')
ylabel('t','FontSize',20')
zlabel('u','FontSize',20')
```

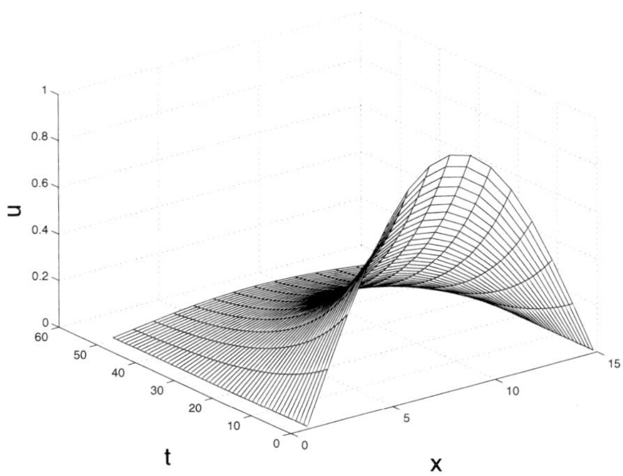

그림 7.9: 함축적 방법으로 구한 열방정식의 해

2.2.2 함축적 방법의 안정성 문제 - 폰 노이만 방법

명시적 방법의 안정성 문제와 같이 시간이 지남에 따라서

$$u_k^n = e^{i\beta kh}\xi^n \tag{7.19}$$

이 어떻게 성장하는가 보자. 식 (7.19)을 방정식 (7.14)에 대입을 하면 다음을 얻는다.

$$\begin{aligned} -\alpha e^{i\beta(k-1)h}\xi^{n+1} + (1+2\alpha)e^{i\beta kh}\xi^{n+1} - \alpha e^{i\beta(k+1)h}\xi^{n+1} &= e^{i\beta kh}\xi^n, \\ -\alpha e^{-i\beta h}\xi + (1+2\alpha)\xi - \alpha e^{i\beta h}\xi &= 1, \\ (2\alpha(1-\cos(\beta h))+1)\xi &= 1. \end{aligned}$$

따라서,

$$\xi = \frac{1}{4\alpha\sin^2(\beta h/2)+1}. \tag{7.20}$$

ξ는 모든 양수 α와 모든 β에 대해서 $\frac{1}{4\alpha+1} \le \xi \le 1$을 만족한다. 따라서 식(7.14)은 무조건 안정적이다. 이는 그림 7.8로 확인할 수 있다. 이러한 방법을 폰-노이만 방법(Von-Neumann Method)라고 하는데 자세한 설명은 다음의 참고문헌[]을 참고하기 바란다.

2.3 크랭크 니콜슨 (Crank-Nicolson) 방법

지금까지 언급한 명시적 또는 함축적 방법을 한번에 고려한 방법이 크랭크 니콜슨 방법이다. 크랭크 니콜슨 방법은 시간 격자 n과 $n+1$의 중간에 있는 미분 근사값 $u_i^{n+1/2}$을 이용한다. 시점 $n+1/2$에서 , 시간에 대한 1계 편미분을 구하면 다음과 같다.

$$u_t(x_i, t^{n+1/2}) = \frac{u_i^{n+1} - u_i^n}{k} + O(k^2) \tag{7.21}$$

또한 시점 $n+1/2$에서, 공간변수 x에 대한 2계 편미분은 시점 n와 $n+1$에서 2계 편미분 근사값을 평균해서 구한다.

$$\begin{aligned} u_{xx}(x_i, t^{n+1/2}) &= \frac{1}{2}\big(u_{xx}(x_i, t^n) + u_{xx}(x_i, t^{n+1})\big) + O(h^2) \\ &= \frac{1}{2}\left(\frac{u_{i+1}^n - 2u_i^n + u_{i-1}^n}{h^2} + \frac{u_{i+1}^{n+1} - 2u_i^{n+1} + u_{i-1}^{n+1}}{h^2}\right) \\ &\quad + O(h^2). \end{aligned}$$

두 근사식 (7.21)와 (7.22)의 절단오차는 각각 $\mathcal{O}(k^2)$과 $\mathcal{O}(h^2)$으로 근사식의 정확도가 높기 때문에 많은 계산을 하지 않아도 수치분석에서 만족스러운 해를 얻을 수 있다. 식(7.21)와 (7.22)의 우변을 같게 하면 다음과 같은 크랭크 니콜슨 식을 얻을 수 있다.

$$-\alpha u_{i-1}^{n+1} + 2(1+\alpha)u_i^{n+1} - \alpha u_{i+1}^{n+1} = \alpha u_{i-1}^n + 2(1-\alpha)u_i^n + \alpha u_{i+1}^n, \tag{7.22}$$

여기서 $\alpha = \frac{k}{h^2}$이다. 식 (7.22)를 행렬 형태로 표현하면 다음과 같다.

$$\begin{pmatrix} 2(1+\alpha) & -\alpha & & & & \\ -\alpha & 2(1+\alpha) & -\alpha & & & \\ & -\alpha & 2(1+\alpha) & -\alpha & & \\ & \ddots & \ddots & \ddots & & \\ & & & & 2(1+\alpha) & -\alpha \\ & & & & -\alpha & 2(1+\alpha) \end{pmatrix} \begin{pmatrix} u_2^{n+1} \\ u_3^{n+1} \\ u_4^{n+1} \\ \vdots \\ u_{Nx-2}^{n+1} \\ u_{Nx-1}^{n+1} \end{pmatrix}$$

$$= \begin{pmatrix} \alpha u_1^{n+1} + 2(1-\alpha)u_2^n + \alpha u_3^n \\ \alpha u_2^n + 2(1-\alpha)u_3^n + \alpha u_4^n \\ \alpha u_3^n + 2(1-\alpha)u_4^n + \alpha u_5^n \\ \vdots \\ 2(1-\alpha)u_{Nx-2}^n + \alpha u_{Nx-1}^n \\ \alpha u_{Nx-2}^n + 2(1-\alpha)u_{Nx-1}^n + \alpha u_{Nx}^{n+1} \end{pmatrix} = \begin{pmatrix} b_2^n \\ b_3^n \\ b_4^n \\ \vdots \\ b_{Nx-2}^n \\ b_{Nx-1}^n \end{pmatrix}. \tag{7.23}$$

위의 식(7.23)을 간단하게 다음과 같이 표현할 수 있다.

$$\mathbf{A}\mathbf{u}^{n+1} = \mathbf{b}^n.$$

`heatCN.m`은 열방정식을 크랭크 니콜슨 방법에 의해 푼 MATLAB 코드이다.

```
%%%%%%%%%%%%%%%%%%%%%%%%%%%%%%%%% heatCN.m %%%%%%%%%%%%%%%%%%%%%%%%%%%%%%%%%%
clear; clc; clf; Nx=12; x=linspace(0,1,Nx); h=x(2)-x(1);
T=0.1; alpha = 2; k = alpha*(h^2); Nt=round(T/k);
u(:,1)=sin(pi*x);
for i=1:Nx-2
    dd(i)= 2*(1+alpha); c(i)= - alpha; a(i)= - alpha;
end
for n=1:Nt
    d=dd;
    for i=1:Nx-2
```

```
      b(i)=alpha*u(i,n)+2*(1-alpha)*u(i+1,n)+alpha*u(i+2,n);
    end
    for i = 2:Nx-2
        xmult=a(i-1)/d(i-1);
        d(i)=d(i)-xmult*c(i-1);  b(i)=b(i)-xmult*b(i-1);
    end
    u(Nx-1,n+1) = b(Nx-2)/d(Nx-2);
    for i = Nx-3:-1:1
        u(i+1,n+1) = (b(i) - c(i)*u(i+2,n+1))/d(i);
    end
end
plot(x,u,'ko-');
xlabel('x','FontSize',20); ylabel('u(x,t)','FontSize',20)
%%%%%%%%%%%%%%%%%%%%%%%%%%%%%%%%%%%%%%%%%%%%%%%%%%%%%%%%%%%%%%%%%%%%%%%%%%%%%%%%%%%%%%%%%%%%%%%%%%%%%%%%
```

위의 코드 heatCN.m를 실행하면 다음의 결과를 얻을 수 있다.

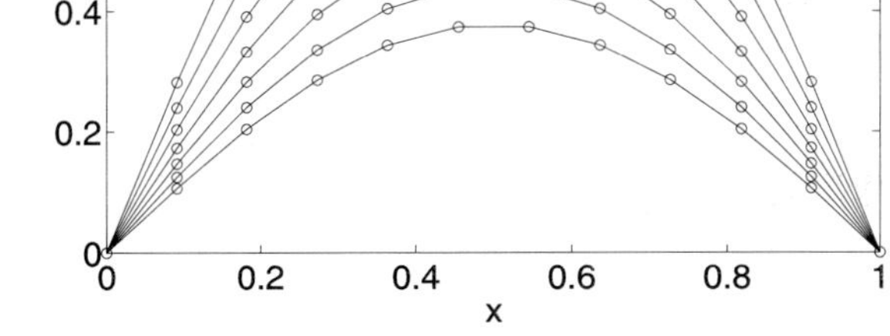

그림 7.10: 크랭크 니콜슨을 이용한 열방정식 $\alpha = 2$인 안정한 상태

크랭크 니콜슨 방법도 벡터를 이용하여 구할 수 있다. 다음은 벡터를 이용한 MATLAB 코드이다.

```
%%%%%%%%%%%%%%%%%%%%%%%%%%%%%% crank-nicolson %%%%%%%%%%%%%%%%%%%%%%%%%%%%%%
clear all; clc; clf;
%%%%%%%%%%%%%%%%%%%%%%%%%%%%%%%% Parameters %%%%%%%%%%%%%%%%%%%%%%%%%%%%%%%%
L = pi; Nx = 14; h = L/Nx;
T = 3; Nt = 50; k = T/Nt; alpha = k/h^2;
%%%%%%%%%%%%%%%%%%%%%%%%%%% solving Heat equation %%%%%%%%%%%%%%%%%%%%%%%%%%%
B = (1+alpha)*eye(Nx-1,Nx-1) - 0.5*alpha ...
    *diag(ones(Nx-2,1),1) - 0.5*alpha*diag(ones(Nx-2,1),-1);
F = (1-alpha)*eye(Nx-1,Nx-1) + 0.5*alpha ...
    *diag(ones(Nx-2,1),1) + 0.5*alpha*diag(ones(Nx-2,1),-1);
U = zeros(Nx-1,Nt+1);
U(:,1) = sin([h:h:L-h]');
for i = 1:Nt
    x = F*U(:,i);
    U(:,i+1) = B\x;
end
bc = zeros(1,Nt+1);
U = [bc;U;bc];
%%%%%%%%%%%%%%%%%%%%%%%%%%%%%%%%% Ploting %%%%%%%%%%%%%%%%%%%%%%%%%%%%%%%%%%%
mesh(U'); colormap([0 0 0])
xlabel('x','FontSize',20')
ylabel('t','FontSize',20')
zlabel('u','Fontsize',20')
```

2.3.1 크랭크 니콜슨 방법의 안정성 문제 - 폰 노이만 방법

시간이 지남에 따라서

$$u_k^n = e^{i\beta kh}\xi^n \tag{7.24}$$

이 어떻게 성장하는가 보자. 식 (7.24)을 방정식 (7.22)에 대입을 하면 다음을 얻는다.

$$-\alpha u_{i-1}^{n+1} + 2(1+\alpha)u_i^{n+1} - \alpha u_{i+1}^{n+1} = \alpha u_{i-1}^n + 2(1-\alpha)u_i^n + \alpha u_{i+1}^n, \tag{7.25}$$

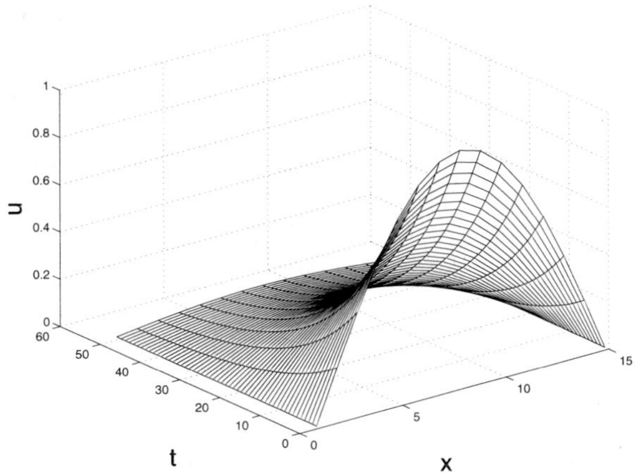

그림 7.11: 크랭크 니콜슨으로 구한 열방정식의 수치해

여기서 $\alpha = \frac{k}{h^2}$이다.

$$\begin{aligned}
-\alpha e^{i\beta(k-1)h}\xi^{n+1} + (1+2\alpha)e^{i\beta kh}\xi^{n+1} - \alpha e^{i\beta(k+1)h}\xi^{n+1} &= e^{i\beta kh}\xi^{n}, \\
-\alpha e^{-i\beta h}\xi + (1+2\alpha)\xi - \alpha e^{i\beta h}\xi &= 1, \\
(2\alpha(1-\cos(\beta h))+1)\xi &= 1.
\end{aligned}$$

따라서,

$$\xi = \frac{1}{4\alpha\sin^2(\beta h/2)+1}. \tag{7.26}$$

ξ는 모든 양수 α와 모든 β에 대해서 $\frac{1}{4\alpha+1} \le \xi \le 1$을 만족한다. 따라서 식(7.14)은 무조건 안정적이다. 이는 그림 7.8로 확인할 수 있다.

2.4 수렴성 (convergence) 테스트

국소절단오차 (local truncation error)는 연속해가 노드점에서 수치적 방법을 만족하지 못하는 차이를 측정한 것이다. 수치 기법의 국소절단오차는 연속적인 문제의 정확한 해를 이산적인 수치기법에 대입함으로써 발생한다. $u(x_i, t^n)$는 열방정식의 정확한 해를 나타낸다. 다음은 정확한 해를 수치기법에 대입함으로써 명시적 유한차분법의 국소절단오차를 찾는 과정이다. 노드 (x_i, t^n)에서 국소절단오차는 다음과 같이 구한다.

$$T(x_i, t^n) = \frac{u(x_i, t^{n+1}) - u(x_i, t^n)}{k} - \frac{u(x_{i+1}, t^n) - 2u(x_i, t^n) + u(x_{i-1}, t^n)}{h^2}.$$

이제 노드(x_i, t^n)에서 테일러전개를 하면 각각의 항을 다음과 같이 나타낼 수 있다.

$$\begin{aligned} T(x_i, t^n) &= u_t(x_i, t^n) + \frac{k}{2}u_{tt}(x_i, t^n) + \mathcal{O}(k^2) \\ &\quad - u_{xx}(x_i, t^n) + \frac{h^2}{12}u_{xxxx}(x_i, t^n) + \mathcal{O}(h^4). \end{aligned}$$

여기서 $u(x_i, t^n)$은 열방정식을 만족하므로 다음이 성립한다.

$$\begin{aligned} T(x_i, t^n) &= \frac{k}{2}u_{tt}(x_i, t^n) + \frac{h^2}{12}u_{xxxx}(x_i, t^n) + \mathcal{O}(k^2) + \mathcal{O}(h^4) \\ &= \mathcal{O}(k) + \mathcal{O}(h^2). \end{aligned} \tag{7.27}$$

수치적 해가 수렴하기 위해 필요한 조건은 수치기법의 국소절단오차가 공간간격과 시간간격을 줄일수록 0에 근사해야 한다는 것이다. 이럴 경우에, 수치기법이 일관적 (consistent)이라고 한다. 정확도의 차수 (order of accuracy)는 절단오차항에서 h와 k의 승수의 차수로 정의된다. 절단오차항을 $\mathcal{O}(k^l + h^m)$로 가정하면 수치기법이 l차 시간 정확 (lth order time accurate)하고 m차 공간정확 (mth order space accurate)하다고 한다. 식(7.27)으로부터 명시적 유한차분법은 1차 시간 정확하고 2차 공간 정확함을 알 수 있다.

2.4.1 명시적 유한차분법

열방정식의 명시적 유한 차분법의 수렴성을 알아보기 위해 다음의 테스트를 수행해보자.

```
%%%%%%%%%%%%%%%%%%%%%% heatex_convergence_test.m %%%%%%%%%%%%%%%%%%%%%%%%%%
clear; clc; T=0.1; alpha=0.1;
for iter=1:5
   N=10*2^(iter-1)+1; x=linspace(0,1,N); h=x(2)-x(1);
   k=alpha*h^2; Nt=round(T/k); u(1:N,1:Nt+1)=0;
   u(:,1)=sin(pi*x); exact=u(:,1)*exp(-pi^2*T);
   for n=1:Nt
         for i=2:N-1
              u(i,n+1)=alpha*u(i-1,n)+...
                   (1-2*alpha)*u(i,n)+alpha*u(i+1,n);
         end
   end
   hh(iter)=h; tt(iter)=k;
   err(iter) = max(abs(u(:,Nt+1) - exact));
end
```

```
Order=[log(err(1)/err(2))/log(2) ...
       log(err(2)/err(3))/log(2) ...
       log(err(3)/err(4))/log(2) ...
       log(err(4)/err(5))/log(2)]';
fprintf('-------------------------------------------------\n')
fprintf('    h          dt         max error      order  \n')
fprintf('-------------------------------------------------\n')
fprintf('%8.5f %8.6f %8.6f \n',hh(1), tt(1) ,err(1))
for iter = 2:5
fprintf('%8.5f %8.6f %8.6f  %8.6f \n',hh(iter),...
    tt(iter), err(iter),Order(iter-1))
end
fprintf('-------------------------------------------------\n')
%%%%%%%%%%%%%%%%%%%%%%%%%%%%%%%%%%%%%%%%%%%%%%%%%%%%%%%%%%%%%%%%%%%%%%%%%%%
```

초기조건은 $u(x,0) = \sin(x)$, $T = 0.1$, $\alpha = 0.1$, $h = 1/N$, $\Delta t = \alpha h^2$. MATLAB 코드 heatex_convergence_test을 실행하면 다음의 결과를 얻을 수 있다.

```
>> heatex_convergence_test
------------------------------------------------
    h          dt          max_error        order
------------------------------------------------
 0.10000    0.001000     0.001220
 0.05000    0.000250     0.000303       2.008865
 0.02500    0.000063     0.000076       2.002218
 0.01250    0.000016     0.000019       2.000555
 0.00625    0.000004     0.000005       2.000139
------------------------------------------------
```

2.4.2 함축적 유한차분법

열방정식의 함축적 유한 차분법의 수렴성을 알아보기 위해 다음의 테스트를 수행해보자.

```
%%%%%%%%%%%%%%%%%%%%% heatim_convergence_test.m %%%%%%%%%%%%%%%%%%%%%%%%%%
clear; clc; T=0.1; alpha=0.1;
for iter=1:5
   N=10*2^(iter-1)+1; x=linspace(0,1,N); h=x(2)-x(1);
   k=alpha*h^2; Nt=round(T/k); u(1:N,1:Nt+1)=0;
   u(:,1)=sin(pi*x); exact=u(:,1)*exp(-pi^2*T);
   for i=1:N-2
       dd(i)= 1 + 2*alpha; c(i)= - alpha; a(i)= - alpha;
   end
   for n=1:Nt
       d=dd;
       for i=1:N-2
           b(i)=u(i+1,n);
       end
       for i=2:N-2
           xmult= a(i-1)/d(i-1);
           d(i) = d(i) - xmult*c(i-1);
           b(i) = b(i) - xmult*b(i-1);
       end
       u(N-1,n+1) = b(N-2)/d(N-2);
       for i = N-3:-1:1
           u(i+1,n+1) = (b(i) - c(i)*u(i+2,n+1))/d(i);
       end
   end
   hh(iter)=h; tt(iter)=k;
   err(iter) = max(abs(u(:,Nt+1) - exact));
end
Order=[log(err(1)/err(2))/log(2) ...
       log(err(2)/err(3))/log(2) ...
       log(err(3)/err(4))/log(2) ...
       log(err(4)/err(5))/log(2)]';
fprintf('------------------------------------------------\n')
fprintf('    h          dt          max error      order   \n')
fprintf('------------------------------------------------\n')
```

```
fprintf('%8.5f     %8.6f      %8.6f       \n',hh(1), ...
        tt(1),err(1))
for iter = 2:5
fprintf('%8.5f     %8.6f      %8.6f       %8.6f \n', ...
    hh(iter),tt(iter), err(iter),Order(iter-1))
end
fprintf('---------------------------------------------\n')
%%%%%%%%%%%%%%%%%%%%%%%%%%%%%%%%%%%%%%%%%%%%%%%%%%%%%%%%%%%%%%%%%%%%%%%%%%%%
```

초기조건은 $u(x,0) = \sin(x)$, $T = 0.1$, $\alpha = 0.1$, $h = 1/N$, $\Delta t = \alpha h^2$. MATLAB 코드 heatim_convergence_test을 실행하면 다음의 결과를 얻을 수 있다.

```
>> heatim_convergence_test
-----------------------------------------------
    h           dt          max error       order
-----------------------------------------------
 0.10000     0.001000     0.004820
 0.05000     0.000250     0.001209       1.995470
 0.02500     0.000063     0.000302       1.998865
 0.01250     0.000016     0.000076       1.999716
 0.00625     0.000004     0.000019       1.999929
-----------------------------------------------
```

2.4.3 크랭크 니콜슨 유한차분법

열방정식의 크랭크 니콜슨 유한 차분법의 수렴성을 알아보기 위해 다음의 테스트를 수행해보자.

```
%%%%%%%%%%%%%%%%%%%% heatcn_convergence_test.m %%%%%%%%%%%%%%%%%%%%%%%
clear; clc; T=0.1;
for iter=1:5
   N=10*2^(iter-1)+1; x=linspace(0,1,N); h=x(2)-x(1);
   k=h/500; Nt=round(T/k); alpha = k/h^2; u(1:N,1:Nt+1)=0;
   u(:,1)=sin(pi*x); exact=u(:,1)*exp(-pi^2*T);
```

```
   for i=1:N-2
       dd(i)= 2*(1+alpha); c(i)= - alpha; a(i)= - alpha;
   end
    for n=1:Nt
        d=dd;
        for i=1:N-2
          b(i)=alpha*u(i,n)+...
                2*(1-alpha)*u(i+1,n)+alpha*u(i+2,n);
        end
        for i = 2:N-2
          xmult=a(i-1)/d(i-1);
          d(i)=d(i)-xmult*c(i-1); b(i)=b(i)-xmult*b(i-1);
        end
        u(N-1,n+1) = b(N-2)/d(N-2);
        for i = N-3:-1:1
            u(i+1,n+1) = (b(i) - c(i)*u(i+2,n+1))/d(i);
        end
    end
   hh(iter)=h; tt(iter)=k;
   err(iter) = max(abs(u(:,Nt+1) - exact));
end
Order=[log(err(1)/err(2))/log(2) ...
       log(err(2)/err(3))/log(2) ...
       log(err(3)/err(4))/log(2) ...
       log(err(4)/err(5))/log(2)]';
fprintf('-----------------------------------------------\n')
fprintf('    h          dt       max error      order    \n')
fprintf('-----------------------------------------------\n')
fprintf('%8.5f    %8.6f     %8.6f       \n',hh(1), ...
        tt(1) ,err(1))
for iter = 2:5
fprintf('%8.5f    %8.6f     %8.6f       %8.6f \n', ...
        hh(iter),tt(iter), err(iter),Order(iter-1))
end
```

```
fprintf('---------------------------------------------------\n')
%%%%%%%%%%%%%%%%%%%%%%%%%%%%%%%%%%%%%%%%%%%%%%%%%%%%%%%%%%%%%%%%%%%%%%%%%%%%
```

초기조건은 $u(x,0) = \sin(x)$, $T = 0.1$, $\alpha = 0.1$, $h = 1/N$, $\Delta t = \alpha h^2$. MATLAB 코드heatcn_convergence_test을 실행하면 다음의 결과를 얻을 수 있다.

```
>> heatcn_convergence_test
----------------------------------------------------
    h           dt           max error        order
----------------------------------------------------
 0.10000    0.001000      0.003025
 0.05000    0.000250      0.000756        1.999772
 0.02500    0.000063      0.000189        1.999942
 0.01250    0.000016      0.000047        1.999985
 0.00625    0.000004      0.000012        1.999996
----------------------------------------------------
```

제 3 절 Black-Scholes 편미분방정식에 대한 유한 차분법

유러피언 콜 옵션의 값을 구하기 위해서 Black-Scholes 편미분방정식을 유한차분법으로 풀어서 구한다. 편미분방정식은 Dirichlet 경계조건을 갖는 포물선형 편미분방정식이다. 특히 초기조건보다 만기시의 조건이 주어진다. $\tau = T - t$를 잔존기간으로 놓음으로써, 더 자연스러운 시간의 방정식으로 바꿀 수 있다. 그러면 편미분방정식은 다음과 같이 정리된다.

$$u_\tau = \frac{1}{2}\sigma^2 x^2 u_{xx} + rxu_x - ru.$$

이 때, 정의역은 $x \geq 0$ 이고, 시간의 범위는 $0 \leq \tau \leq T$, 초기값은 $u(x,0) = \max(x-E,0)$ [2] 이고, 경계조건은 $u(0,\tau) = 0$, 값이 큰 x에 대해서 $u(x,\tau) \approx x - Ee^{-r\tau}$를 갖는다. x를 $0 \leq x \leq L$의 범위로 두고 $h = L/(N_x - 1)$와 $k = T/N_t$의 간격을 갖는 유한 차분 격자를 사용함으로써, 이산해 $u_i^n \approx u((i-1)h,(n-1)k) = u(x_i,t^n)$를 계산할 수 있다. 모든 $1 \leq n \leq N_t$에서 초기 데이터에 의해 지정된 값 $u_i^1 = \max(x_i - E, 0)$ for $1 \leq i \leq N_x$, 그리고 경계조건에 의해 지정된 경계값 $u_1^n = 0$와 $u_{N_x}^n = L - Ee^{-rt^n}$을 갖게 된다.

[2]초기값 $u(x,0) = \max(x - E, 0)$은 $x < E$일 때 $u(x,0) = 0$을 $x \geq E$일 때 $u(x,0) = x - E$을 의미한다.

3.1 명시적 방법에 의한 옵션 가격 결정

시간 미분에 대해서 전방 차분, 그리고 공간 미분에 대해서 중앙 차분을 사용함으로써 다음과 같이 명시적 방법을 적용할 수 있다.

$$\frac{u_i^{n+1}-u_i^n}{k} = \frac{1}{2}\sigma^2 x_i^2 \frac{u_{i+1}^n - 2u_i^n + u_{i-1}^n}{h^2} + rx_i \frac{u_{i+1}^n - u_{i-1}^n}{2h} - ru_i^n.$$

u_i^{n+1}에 대해서 정리하면 다음과 같은 식을 얻는다.

$$\begin{aligned} u_i^{n+1} &= u_i^n + k\left(\frac{1}{2}\sigma^2 x_i^2 \frac{u_{i+1}^n - 2u_i^n + u_{i-1}^n}{h^2} + rx_i \frac{u_{i+1}^n - u_{i-1}^n}{2h} - ru_i^n\right) \\ & \quad \text{for } \ 2 \le i \le N_x - 1. \end{aligned}$$

BSex.m은 Black–Scholes 방정식을 명시적 방법으로 수치해를 구하는 MATLAB 코드이다. 그림7.12에는 무위험이자율이 $r = 0.03$, 변동성이 $\sigma = 0.5$, 현재시점이 $t = 0$, 만기 시점이 $T = 1$, 그리고 행사가격이 $E = 230$인 유럽형 콜옵션의 가격이 그려져 있다.

```
%%%%%%%%%%%%%%%%%%%%%%%%%%%%%%% BSex.m %%%%%%%%%%%%%%%%%%%%%%%%%%%%%%%%%%%%
clf; clear; E=230; L=800; sigma=0.5; r=0.03; T=1; Nx=50;
Nt=1000; k=T/Nt; x=linspace(0,L,Nx); h=x(2)-x(1);
u(1:Nx,1:Nt+1)=0;
for i=1:Nx
    if x(i)<= E
        u(i,1)=0;
    else
        u(i,1)=x(i)-E;
    end
end
for n=2:Nt+1
    u(Nx,n)=L-E*exp(-r*k*(n-1));
end
for n=1:Nt
    for i=2:Nx-1
        u(i,n+1)=u(i,n) + k*((1/2)*(sigma^2)*((i-1)*h)^2*...
            ((u(i+1,n)-2*u(i,n)+u(i-1,n))/(h^2)) +...
            r*(i-1)*h*((u(i+1,n)-u(i-1,n))/(2*h))-r*u(i,n));
```

```
    end
end
set(gca,'fontsize',20)
plot(x,u(:,1:200:Nt+1),'ko-')
xlabel('x'); ylabel('u','rotation',0)
axis image; axis([0 L 0 600])
%%%%%%%%%%%%%%%%%%%%%%%%%%%%%%%%%%%%%%%%%%%%%%%%%%%%%%%%%%%%%%%%%%%%%%%%%%%
```

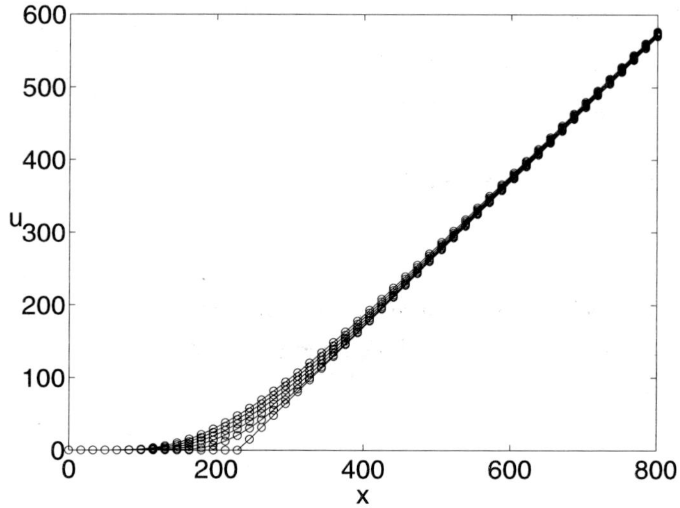

그림 7.12: 명시적 방법에 의한 Black–Scholes 방정식의 수치해

3.2 함축적 방법에 의한 옵션 가격 결정

시간에 대한 전방 차분을 이용한 명시적 방법에서 일어날 수 있는 불안정성 문제를 해결하기 위해서 후방차분을 이용하여 함축적 방법을 적용하면 다음의 식을 얻게 된다.

$$\begin{aligned}\frac{u_i^{n+1}-u_i^n}{k} &= \frac{1}{2}\sigma^2 x_i^2 \frac{u_{i+1}^{n+1}-2u_i^{n+1}+u_{i-1}^{n+1}}{h^2} \\ &\quad + r x_i \frac{u_{i+1}^{n+1}-u_{i-1}^{n+1}}{2h} - r u_i^{n+1}.\end{aligned} \tag{7.28}$$

이러한 함축적 방법은 시간의 크기에 영향을 받지 않을 뿐만 아니라 수치계산의 정확도를 높이는 장점이 있다. 이제 위의 식 (7.28)을 정리하면

$$\alpha_i u_{i-1}^{n+1} + \beta_i u_i^{n+1} + \gamma_i u_{i+1}^{n+1} = \frac{u_i^n}{k},$$

여기서

$$\alpha_i = \frac{rx_i}{2h} - \frac{\sigma^2 x_i^2}{2h^2}, \quad \beta_i = \frac{1}{k} + \frac{\sigma^2 x_i^2}{h^2} + r, \quad \gamma_i = -\frac{rx_i}{2h} - \frac{\sigma^2 x_i^2}{h^2}$$

이다.

BSim.m은 Black-Scholes 방정식을 함축적 방법으로 수치해를 구하는 MATLAB 코드이다. 그림7.13에는 무위험이자율이 $r = 0.03$, 변동성이 $\sigma = 0.5$, 현재시점이 $t = 0$, 만기 시점이 $T = 1$, 그리고 행사가격이 $E = 230$인 유럽형 콜옵션의 가격이 그려져 있다.

```
%%%%%%%%%%%%%%%%%%%%%%%%%%%%%% BSim.m %%%%%%%%%%%%%%%%%%%%%%%%%%%%%%%%%%%
clf; clear; E=230; L=800; sigma=0.5; r=0.03; T=1; Nx=50;
Nt=100; k=T/Nt; x=linspace(0,L,Nx); h =x(2)-x(1);
u(1:Nx,1:Nt+1)=0; N=Nx-2;
for i=1:Nx
    u(i,1)=max(x(i)-E,0);
end
for i=1:N
   dd(i)=1/k+(sigma*i)^2+r; c(i)=-r*i/2-((sigma*i)^2)/2;
   a(i)=r*(i+1)/2-((sigma*(i+1))^2)/2;
end
for n=1:Nt
    d=dd;
    for i=1:N-1
         b(i)=u(i+1,n)/k;
    end
     u(Nx,n+1)=L - E*exp(-r*k*n);
     b(N)=u(N+1,n)/k - c(N)*u(Nx,n+1);
    for i = 2:N
        xmult= a(i-1)/d(i-1);
        d(i) = d(i) - xmult*c(i-1);
        b(i) = b(i) - xmult*b(i-1);
    end
    u(N+1,n+1) = b(N)/d(N);
    for i = N-1:-1:1
        u(i+1,n+1) = (b(i) - c(i)*u(i+2,n+1))/d(i);
    end
```

```
end
set(gca,'fontsize',20)
plot(x,u(:,1:20:Nt+1),'ko-')
xlabel('x'); ylabel('u','rotation',0)
%%%%%%%%%%%%%%%%%%%%%%%%%%%%%%%%%%%%%%%%%%%%%%%%%%%%%%%%%%%%%%%%%%%%%%%%%%%%%%%%%%%%
```

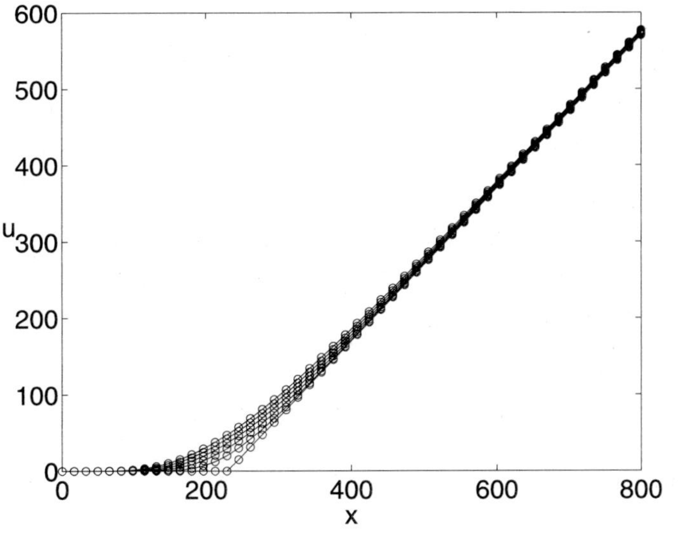

그림 7.13: 함축적 방법에 의한 옵션 가격 결정

3.3 크랭크 니콜슨 방법에 의한 옵션 가격 결정

크랭크 니콜스방법은 명시적방법과 함축적 방법을 조합하여 정확도를 향상시킨 방법이다. 이 아이디어를 Black-Scholes방정식에 적용하면 다음과 같은 방정식을 얻는다.

$$\frac{u_i^{n+1}-u_i^n}{k} = \frac{1}{2}\left(\frac{1}{2}\sigma^2 x_i^2 \frac{u_{i+1}^n - 2u_i^n + u_{i-1}^n}{h^2} + rx_i \frac{u_{i+1}^n - u_{i-1}^n}{2h} - ru_i^n\right)$$
$$+\frac{1}{2}\left(\frac{1}{2}\sigma^2 x_i^2 \frac{u_{i+1}^{n+1} - 2u_i^{n+1} + u_{i-1}^{n+1}}{h^2} + rx_i \frac{u_{i+1}^{n+1} - u_{i-1}^{n+1}}{2h} - ru_i^{n+1}\right). \tag{7.29}$$

이러한 크랭크 니콜슨 방법은 시간의 크기에 영향을 받지 않는 장점이 있다. 이제 위의 식

(7.29)를 정리하면,

$$\alpha_i u_{i-1}^{n+1} + \beta_i u_i^{n+1} + \gamma_i u_{i+1}^{n+1} = \frac{u_i^n}{k} + \frac{1}{4}\sigma^2 x_i^2 \frac{u_{i+1}^n - 2u_i^n + u_{i-1}^n}{h^2} + rx_i \frac{u_{i+1}^n - u_{i-1}^n}{4h} - \frac{r}{2}u_i^n,$$

여기서

$$\alpha_i = \frac{rx_i}{4h} - \frac{\sigma^2 x_i^2}{4h^2}, \quad \beta_i = \frac{1}{k} + \frac{\sigma^2 x_i^2}{2h^2} + r, \quad \gamma_i = -\frac{rx_i}{4h} - \frac{\sigma^2 x_i^2}{4h^2}$$

이다.

BScn.m은 Black-Scholes 방정식을 크랭크 니콜슨 방법으로 수치해를 구하는 MATLAB 코드이다. 그림7.14에는 무위험이자율이 $r = 0.03$, 변동성이 $\sigma = 0.5$, 현재시점이 $t = 0$, 만기 시점이 $T = 1$, 그리고 행사가격이 $E = 230$인 유럽형 콜옵션의 가격이 그려져 있다.

```
%%%%%%%%%%%%%%%%%%%%%%%%%%%%%%%%% BScn.m %%%%%%%%%%%%%%%%%%%%%%%%%%%%%%%%%
clf; clear; E=230; sigma=0.5; r=0.03; T=1; Nx=50; Nt=100;
L=800; k=T/Nt; x=linspace(0,L,Nx); h =x(2)-x(1);
u(1:Nx,1:Nt+1)=0;
for i=1:Nx
    if x(i) < E
        u(i,1)= 0;
    else
        u(i,1)= x(i)-E;
    end
end
N = Nx-2;
for i=1:N
     dd(i)=1/k+(sigma*i)^2/2+r;
     c(i)=-r*i/4 - ((sigma*i)^2)/4;
     a(i)=r*(i+1)/4-((sigma*(i+1))^2)/4;
end
for n=1:Nt
    d=dd;
    for i=1:N
        b(i) = u(i+1,n)/k + (sigma*i)^2*(u(i+2,n)...
            -2*u(i+1,n)+u(i,n))/4 ...
```

```
            + r*i*(u(i+2,n)-u(i,n))/4 - r*u(i+1,n)/2;
    end
     u(Nx,n+1)= L - E*exp(-r*k*n);
     b(N) = b(N) - c(N)*u(Nx,n+1);
    for i = 2:N
        xmult= a(i-1)/d(i-1); d(i) = d(i) - xmult*c(i-1);
        b(i) = b(i) - xmult*b(i-1);
    end
    u(N+1,n+1) = b(N)/d(N);
    for i = N-1:-1:1
        u(i+1,n+1) = (b(i) - c(i)*u(i+2,n+1))/d(i);
    end
end
set(gca,'fontsize',20)
plot(x,u(:,1:20:Nt+1),'ko-')
xlabel('x'); ylabel('u','rotation',0)
%%%%%%%%%%%%%%%%%%%%%%%%%%%%%%%%%%%%%%%%%%%%%%%%%%%%%%%%%%%%%%%%%%%%%%%%%%%%%%%%%%%
```

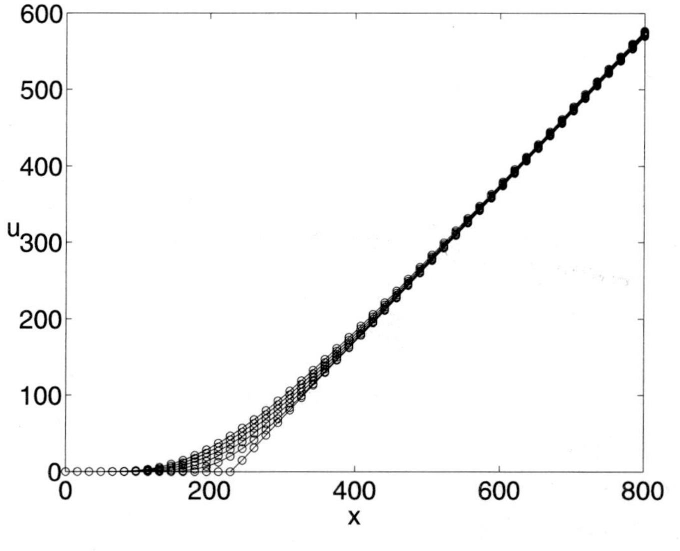

그림 7.14: 크랭크 니콜슨 방법에 의한 옵션 가격 결정

3.4 안정성 테스트

3.4.1 명시적 유한차분법

BSex_stability.m은 무위험이자율이 $r = 0.03$, 변동성이 $\sigma = 0.5$, 현재시점이 $t = 0$, 만기 시점이 $T = 1$, 그리고 행사가격이 $E = 100$인 유럽형 콜옵션의 가격을 구하는 MATLAB 코드이다.

```
%%%%%%%%%%%%%%%%%%%%%%%%%% BSex_stability.m %%%%%%%%%%%%%%%%%%%%%%%%%%
clf; clear; E=100; sigma=0.5; r=0.03; L=300;
alpha = 0.000005; Nx = 30; x=linspace(0,L,Nx); h=x(2)-x(1);
k = 2*alpha*(h/sigma)^2; T = 1.0; Nt = round(T/k);
u(1:Nx,1:Nt+1)=0;
for i=1:Nx
    if x(i)<= E
        u(i,1)=0;
    else
        u(i,1)=x(i)-E;
    end
end
for n=2:Nt+1
    u(Nx,n)=L-E*exp(-r*k*(n-1));
end
exu=u;
for n=1:Nt
    for i=2:Nx-1
        u(i,n+1)=u(i,n) + k*((1/2)*(sigma^2)*((i-1)*h)^2*...
            ((u(i+1,n)-2*u(i,n)+u(i-1,n))/(h^2)) +...
            r*(i-1)*h*((u(i+1,n)-u(i-1,n))/(2*h))-r*u(i,n));
    end
    for i=1:Nx
        d1(i)=(log(x(i)/E)+(r+sigma^2/2)*k*n)...
                /(sigma*sqrt(k*n));
        d2(i)=d1(i)-sigma*sqrt(k*n);
        exu(i,n+1)=x(i)*normcdf(d1(i))...
            -E*exp(-r*k*n)*normcdf(d2(i));
    end
```

```
end
plot(x,u(:,1),'k*',x,u(:,round(Nt/3)), ...
    'kd',x,u(:,round(2*Nt/3)),'ks',x,u(:,Nt+1),'ko'); hold
plot(x,exu(:,1),'k',x,exu(:,round(Nt/3)),...
    'k',x,exu(:,round(2*Nt/3)),'k',x,exu(:,Nt+1),'k')
legend('initial','n=78','n=156','n=234','exact solution',2)
xlabel('x','FontSize',20); ylabel('u(x,t)','FontSize',20)
axis([0 L 0 L-0.5*E])
%%%%%%%%%%%%%%%%%%%%%%%%%%%%%%%%%%%%%%%%%%%%%%%%%%%%%%%%%%%%%%%%%%%%%%%%%%%%%%%%%%
```

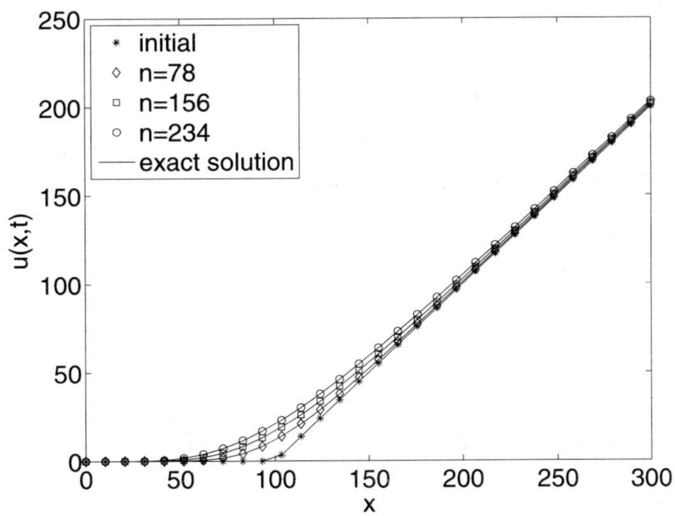

그림 7.15: $\Delta t = 0.0043$인 안정한 상태

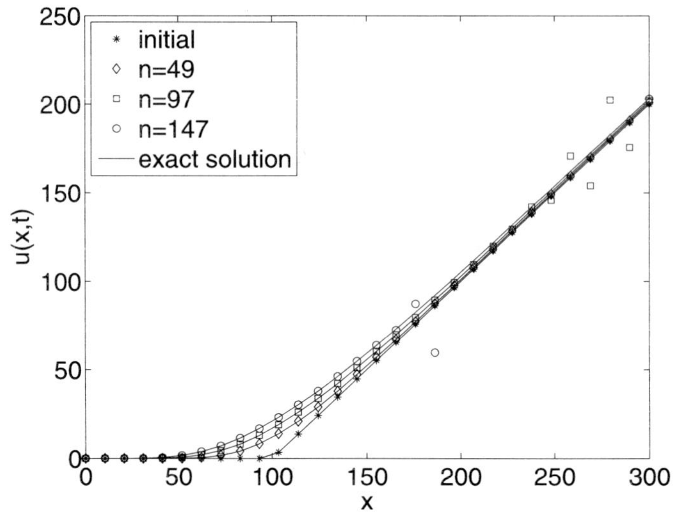

그림 7.16: $\Delta t = 0.0068$인 불안정한 상태

BSex_stability.m을 이용하여 $\Delta t = 0.0043$인 경우와 $\Delta t = 0.0068$인 경우에 다음과 같은 결과를 얻을 수 있다. 그림 7.15에 비해 그림 7.16의 계산된 값은 정확한 해로 수렴하지 않는 불안정한 상태임을 확인할 수 있다.

3.4.2 함축적 유한차분법

BSim_stability.m은 무위험이자율이 $r = 0.03$, 변동성이 $\sigma = 0.5$, 현재시점이 $t = 0$, 만기 시점이 $T = 1$, 그리고 행사가격이 $E = 100$인 유럽형 콜옵션의 가격을 구하는 MATLAB 코드이다.

```
%%%%%%%%%%%%%%%%%%%%%%%%%%%%% BSim_stability.m %%%%%%%%%%%%%%%%%%%%%%%%%%%%%
clf; clear; E=100; L=300; alpha = 0.000005; Nx = 30;
x=linspace(0,L,Nx); h=x(2)-x(1); sigma=0.5; r=0.03; T=1.0;
k=2*alpha*(h/sigma)^2; Nt=round(T/k); u(1:Nx,1:Nt+1)=0;
u(:,1)= max(0,x-E);
for n=2:Nt+1
    u(Nx,n)=L-E*exp(-r*k*(n-1));
end
exu=u;
for i=1:Nx-2
   dd(i)=1/k+(sigma*i)^2+r; c(i)=-r*i/2-((sigma*i)^2)/2;
```

```
   a(i)=r*(i+1)/2-((sigma*(i+1))^2)/2;
end
for n=1:Nt
    d=dd;
    for i=1:Nx-3
         b(i)=u(i+1,n)/k;
    end
    b(Nx-2)=u(Nx-1,n)/k - c(Nx-2)*u(Nx,n+1);
    for i = 2:Nx-2
        xmult= a(i-1)/d(i-1);
        d(i) = d(i) - xmult*c(i-1);
        b(i) = b(i) - xmult*b(i-1);
    end
    u(Nx-1,n+1) = b(Nx-2)/d(Nx-2);
    for i = Nx-3:-1:1
        u(i+1,n+1) = (b(i) - c(i)*u(i+2,n+1))/d(i);
    end
    for i=1:Nx
        d1(i)=(log(x(i)/E)+(r+sigma^2/2)*k*n)...
               /(sigma*sqrt(k*n));
        d2(i)=d1(i)-sigma*sqrt(k*n);
        exu(i,n+1)=x(i)*normcdf(d1(i))...
               -E*exp(-r*k*n)*normcdf(d2(i));
    end
end
plot(x,u(:,1),'k*',x,u(:,Nt/3),'kd',...
    x,u(:,2*Nt/3),'ks',x,u(:,Nt+1),'ko'); hold
plot(x,exu(:,1),'k',x,exu(:,Nt/3),'k',...
    x,exu(:,2*Nt/3),'k',x,exu(:,Nt+1),'k')
legend('initial','n=78','n=156','n=234','exact solution',2)
xlabel('x','FontSize',20); ylabel('u(x,t)','FontSize',20);
axis([0 L 0 L-0.5*E])
%%%%%%%%%%%%%%%%%%%%%%%%%%%%%%%%%%%%%%%%%%%%%%%%%%%%%%%%%%%%%%%%%%%%%%%%%%%%%%%%%%%%%%%%%%%%%%%%%%%%%%%%%
```

BSim_stability.m을 이용하여 $\Delta t = 0.0043$인 경우와 $\Delta t = 0.0068$인 경우에 다음과 같은

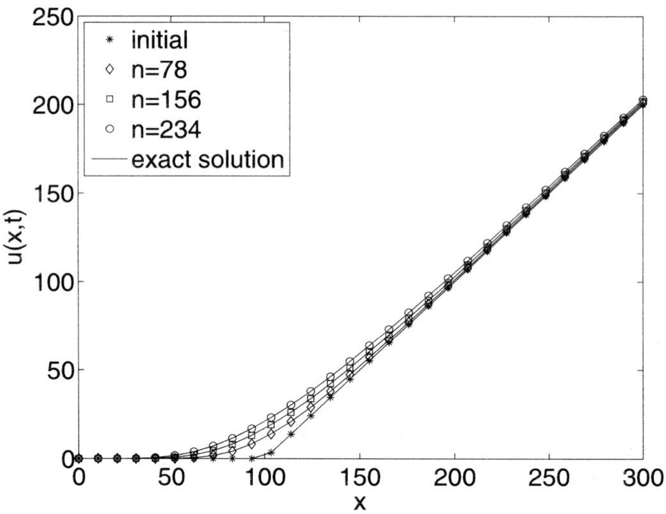

그림 7.17: $\Delta t = 0.0043$인 안정한 상태

결과를 얻을 수 있다. 앞서 명시적 유한차분법은 α의 값에 따라 안정한 상태와 불안정한 상태의 결과를 얻었지만 함축적 유한차분법은 위의 그림 7.17와 7.18에서 볼 수 있듯이 모두 안정한 상태임을 확인할 수 있다.

3.5 수렴성 테스트

$u(x_i, t^n)$는 Black-Scholes 방정식의 정확한 해를 나타낸다. 다음은 정확한 해를 수치기법에 대입함으로써 명시적 유한차분법의 국소절단오차를 찾는 과정이다. 노드 (x_i, t^n)에서 국소절단오차는 다음과 같이 구한다.

$$\begin{aligned} T(x_i, t^n) &= \frac{u(x_i, t^{n+1}) - u(x_i, t^n)}{k} \\ &\quad - \frac{\sigma^2 x_i^2}{2} \frac{u(x_{i+1}, t^n) - 2u(x_i, t^n) + u(x_{i-1}, t^n)}{h^2} \\ &\quad - r x_i \frac{u(x_{i+1}, t^n) - u(x_{i-1}, t^n)}{2h} + r u(x_i, t^n). \end{aligned}$$

이제 노드(x_i, t^n)에서 테일러전개를 하면 각각의 항을 다음과 같이 나타낼 수 있다.

$$\begin{aligned} T(x_i, t^n) &= u_t(x_i, t^n) + \frac{k}{2} u_{tt}(x_i, t^n) + \mathcal{O}(k^2) \\ &\quad - \frac{\sigma^2 x_i^2}{2} \left[u_{xx}(x_i, t^n) + \frac{h^2}{12} u_{xxxx}(x_i, t^n) + \mathcal{O}(h^4) \right] \\ &\quad - r x_i \left[u_x(x_i, t^n) + \frac{h^2}{3} u_{xxx}(x_i, t^n) + \mathcal{O}(h^4) \right] + r u(x_i, t^n). \end{aligned}$$

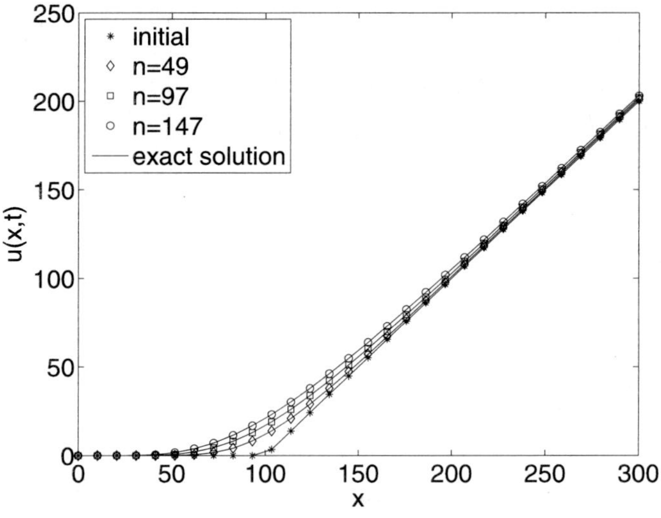

그림 7.18: $\Delta t = 0.0068$인 안정한 상태

여기서 $u(x_i, t^n)$은 Black-Scholes 방정식을 만족하므로 다음이 성립한다.

$$\begin{aligned} T(x_i, t^n) &= \frac{k}{2} u_{tt}(x_i, t^n) - \frac{\sigma^2 h^2 x_i^2}{24} u_{xxxx}(x_i, t^n) - r x_i \frac{h^2}{3} u_{xxx}(x_i, t^n) \\ &\quad + \mathcal{O}(k^2) + \mathcal{O}(h^4) \\ &= \mathcal{O}(k) + \mathcal{O}(h^2). \end{aligned} \tag{7.30}$$

식(7.30)으로부터 명시적 유한차분법은 1차 시간 정확하고 2차 공간 정확함을 알 수 있다. 위 결과를 확인하기 위해 다음의 테스트를 수행해보자.

3.5.1 명시적 유한차분법

유러피언 콜옵션방정식의 명시적 유한 차분법의 수렴성을 알아보기 위해 다음의 테스트를 수행해보자. 위험이자율이 $r = 0.03$, 변동성이 $\sigma = 0.5$, 현재시점이 $t = 0$, 만기 시점이 $T = 0.1$, 그리고 행사가격이 $E = 100$인 유럽형 콜옵션의 가격을 구하는 MATLAB 코드이다. 이 때, 초기 조건은 $u(x, 0) = \max(0, x - E)$, $T = 0.1$, $L = 400$, $h = 1/N$, $\Delta t = h/500$을 이용하였다. MATLAB 코드 `BSex_convergence_test.m`을 실행하면 다음의 결과를 얻을 수 있다.

```
%%%%%%%%%%%%%%%%%%%%%%%%%% BSex_convergence_test.m %%%%%%%%%%%%%%%%%%%%%%%%%
clear; E=100; sigma=0.5; r=0.03; L=400; T=0.1;
for iter=1:5
```

```
    N = 16*(2^iter);
    x=linspace(0,L,N); h=x(2)-x(1); k=h/50000;
    Nt=round(T/k); u(1:N,1:Nt+1)=0;
    for i=1:N
        if x(i)<= E
            u(i,1)=0;
        else
         u(i,1)=x(i)-E;
        end
    end
    for n=2:Nt+1
     u(N,n)=L-E*exp(-r*k*(n-1));
    end
     for n=1:Nt
        for i=2:N-1
         u(i,n+1)=u(i,n) + k*((1/2)*(sigma^2)*((i-1)*h)^2*...
           ((u(i+1,n)-2*u(i,n)+u(i-1,n))/(h^2)) +...
           r*(i-1)*h*((u(i+1,n)-u(i-1,n))/(2*h))-r*u(i,n));
        end
     end
             for i=1:N
           d1(i)=(log(x(i)/E)+(r+sigma^2/2)*k*n)...
                   /(sigma*sqrt(k*n));
           d2(i)=d1(i)-sigma*sqrt(k*n);
           exact(i)=x(i)*normcdf(d1(i))...
                  -E*exp(-r*k*n)*normcdf(d2(i));
          end
    hh(iter)=h; tt(iter)=k; F = u(:,Nt+1) - exact';
    err(iter) = sqrt(sum(F.^2)/N);
end
Order=[log(err(1)/err(2))/log(2) ...
       log(err(2)/err(3))/log(2) ...
       log(err(3)/err(4))/log(2) ...
       log(err(4)/err(5))/log(2)]';
```

```
fprintf('-----------------------------------------------\n')
fprintf('    h           dt         l2 error     order  \n')
fprintf('-----------------------------------------------\n')
fprintf('%8.5f     %8.6f     %8.6f    \n',hh(1), ...
         tt(1) ,err(1))
for iter = 2:5
fprintf('%8.5f     %8.6f     %8.6f    %8.6f \n', ...
    hh(iter), tt(iter), err(iter),Order(iter-1))
end
fprintf('-----------------------------------------------\n')
%%%%%%%%%%%%%%%%%%%%%%%%%%%%%%%%%%%%%%%%%%%%%%%%%%%%%%%%%%%%%%%%%%%%%%%%%%%%%%%%
```

```
>> BSex_convergence_test
------------------------------------------------
    h          dt          l2 error        order
------------------------------------------------
12.90323    0.000258    0.032690
 6.34921    0.000127    0.007989       2.032814
 3.14961    0.000063    0.001958       2.028909
 1.56863    0.000031    0.000467       2.068265
 0.78278    0.000016    0.000105       2.158675
------------------------------------------------
```

위 결과로 부터 Black-Scholes 방정식에 대한 명시적 유한차분법의 수렴도가 2차임을 알수가 있다. 그러나 안정성 문제로 인해서 함축적 방법이나 크랭크-니콜슨 방법에 비해 100배 정도 작은 시간스텝을 사용해야만 했다. 수렴도가 2차가 나온 것은 시간 스텝에 대한 오차가 무시할 정도로 작고 공간에 대해서 오차가 나온 결과이다.

3.5.2 함축적 유한차분법

유러피언 콜옵션방정식의 함축적 유한 차분법의 수렴성을 알아보기 위해 다음의 테스트를 수행해보자. 위험이자율이 $r = 0.03$, 변동성이 $\sigma = 0.5$, 현재시점이 $t = 0$, 만기 시점이 $T = 0.1$, 그리고 행사가격이 $E = 100$인 유럽형 콜옵션의 가격을 구하는 MATLAB 코드이다. 이 때, 초기 조건은 $u(x, 0) = \max(0, x - E)$, $T = 0.1$, $L = 400$, $h = 1/N$, $\Delta t = h/500$을 이용하였다. MATLAB 코드 `BSex_convergence_test.m`을 실행하면 다음의 결과를 얻을 수 있다.

```
%%%%%%%%%%%%%%%%%%%%%%%% BSim_convergence_test.m %%%%%%%%%%%%%%%%%%%%%%%%
clear; E=100; sigma=0.5; r=0.03; L=400; T=0.1;
for iter=1:5
   Nx = 16*(2^iter);
   x=linspace(0,L,Nx); h=x(2)-x(1); k=h/500;
   Nt=round(T/k); u(1:Nx,1:Nt+1)=0;
   u(:,1)= max(0,x-E);
   for n=2:Nt+1
       u(Nx,n)=L-E*exp(-r*k*(n-1));
   end
   for i=1:Nx-2
       dd(i)=1/k+(sigma*i)^2+r; c(i)=-r*i/2-((sigma*i)^2)/2;
       a(i)=r*(i+1)/2-((sigma*(i+1))^2)/2;
   end
   for n=1:Nt
       d=dd;
       for i=1:Nx-3
           b(i)=u(i+1,n)/k;
       end
       b(Nx-2)=u(Nx-1,n)/k - c(Nx-2)*u(Nx,n+1);
       for i = 2:Nx-2
           xmult= a(i-1)/d(i-1);
           d(i) = d(i) - xmult*c(i-1);
           b(i) = b(i) - xmult*b(i-1);
       end
       u(Nx-1,n+1) = b(Nx-2)/d(Nx-2);
       for i = Nx-3:-1:1
           u(i+1,n+1) = (b(i) - c(i)*u(i+2,n+1))/d(i);
       end
   end
   for i=1:Nx
    d1(i)=(log(x(i)/E)+(r+sigma^2/2)*k*n)/(sigma*sqrt(k*n));
    d2(i)=d1(i)-sigma*sqrt(k*n);
  exact(i)=x(i)*normcdf(d1(i))-E*exp(-r*k*n)*normcdf(d2(i));
```

```
    end
   hh(iter)=h; tt(iter)=k; F = u(:,Nt+1) - exact';
   err(iter) = sqrt(sum(F.^2)/Nx);
end
Order=[log(err(1)/err(2))/log(2) ...
       log(err(2)/err(3))/log(2) ...
       log(err(3)/err(4))/log(2) ...
       log(err(4)/err(5))/log(2)]';
fprintf('-----------------------------------------------\n')
fprintf('    h          dt        l2 error     order  \n')
fprintf('-----------------------------------------------\n')
fprintf('%8.5f    %8.6f     %8.6f     \n',hh(1),tt(1),err(1))
for iter = 2:5
fprintf('%8.5f    %8.6f     %8.6f    %8.6f \n',hh(iter),...
    tt(iter),err(iter),Order(iter-1))
end
fprintf('-----------------------------------------------\n')
%%%%%%%%%%%%%%%%%%%%%%%%%%%%%%%%%%%%%%%%%%%%%%%%%%%%%%%%%%%%%%%%%%%%%%%%%%%
```

```
>> BSim_convergence_test
-------------------------------------------------
    h          dt          l2 error        order
-------------------------------------------------
12.90323    0.025806     0.072626
 6.34921    0.012698     0.029825      1.283952
 3.14961    0.006299     0.013253      1.170222
 1.56863    0.003137     0.006204      1.095123
 0.78278    0.001566     0.002995      1.050525
-------------------------------------------------
```

위 결과로 부터 Black-Scholes 방정식에 대한 함축적 유한차분법의 수렴도가 1차임을 알수가 있다.

3.5.3 크랭크 니콜슨 유한차분법

유러피언 콜옵션방정식의 크랭크 니콜슨 유한 차분법의 수렴성을 알아보기 위해 다음의 테스트를 수행해보자. 무위험이자율이 $r = 0.03$, 변동성이 $\sigma = 0.5$, 현재시점이 $t = 0$, 만기 시점이 $T = 0.1$, 그리고 행사가격이 $E = 100$인 유럽형 콜옵션의 가격을 구하는 MATLAB 코드이다. 이 때, 초기 조건은 $u(x,0) = \max(0, x-E)$, $T = 0.1$, $L = 400$, $h = 1/N$, $\Delta t = h/500$을 이용하였다. MATLAB 코드 BScn_convergence_test.m을 실행하면 다음의 결과를 얻을 수 있다.

```
%%%%%%%%%%%%%%%%%%%%%%%% BScn_convergence_test.m %%%%%%%%%%%%%%%%%%%%%%%%%
clear; E=100; sigma=0.5; r=0.03; L=400; T=0.1;
for iter=1:5
   Nx = 16*(2^iter);
   x=linspace(0,L,Nx); h=x(2)-x(1); k=h/500;
   Nt=round(T/k); u(1:Nx,1:Nt+1)=0;
   u(:,1)= max(0,x-E);
   for n=2:Nt+1
       u(Nx,n)=L-E*exp(-r*k*(n-1));
   end
   for i=1:Nx-2
dd(i)=1/k+(sigma*i)^2/2+r/2; c(i)=-r*i/4 - ((sigma*i)^2)/4;
a(i)=r*(i+1)/4-((sigma*(i+1))^2)/4;
   end
   for n=1:Nt
       d=dd;
       for i=1:Nx-2
         b(i) = u(i+1,n)/k + (sigma*i)^2*(u(i+2,n)...
               -2*u(i+1,n)+u(i,n))/4 ...
               + r*i*(u(i+2,n)-u(i,n))/4 - r*u(i+1,n)/2;
       end
       b(Nx-2)=b(Nx-2)-c(Nx-2)*u(Nx,n+1);
       for i = 2:Nx-2
          xmult= a(i-1)/d(i-1); d(i) = d(i) - xmult*c(i-1);
          b(i) = b(i) - xmult*b(i-1);
       end
       u(Nx-1,n+1) = b(Nx-2)/d(Nx-2);
```

```
        for i = Nx-3:-1:1
           u(i+1,n+1) = (b(i) - c(i)*u(i+2,n+1))/d(i);
        end
    end
    for i=1:Nx
        d1(i)=(log(x(i)/E)+(r+sigma^2/2)*k*n)...
              /(sigma*sqrt(k*n));
        d2(i)=d1(i)-sigma*sqrt(k*n);
        exact(i)=x(i)*normcdf(d1(i))...
              -E*exp(-r*k*n)*normcdf(d2(i));
    end
    hh(iter)=h; tt(iter)=k; F = u(:,Nt+1) - exact';
    err(iter) = sqrt(sum(F.^2)/Nx);
end
Order=[log(err(1)/err(2))/log(2) ...
       log(err(2)/err(3))/log(2) ...
       log(err(3)/err(4))/log(2) ...
       log(err(4)/err(5))/log(2)]';
fprintf('----------------------------------------------\n')
fprintf('    h          dt         l2 error      order    \n')
fprintf('----------------------------------------------\n')
fprintf('%8.5f    %8.6f      %8.6f        \n',hh(1), ...
         tt(1) ,err(1))
for iter = 2:5
fprintf('%8.5f    %8.6f      %8.6f        %8.6f \n', ...
         hh(iter),tt(iter), err(iter),Order(iter-1))
end
fprintf('----------------------------------------------\n')
%%%%%%%%%%%%%%%%%%%%%%%%%%%%%%%%%%%%%%%%%%%%%%%%%%%%%%%%%%%%%%%%%%%%%%%%%%%
```

```
>> BScn_convergence_test
----------------------------------------------
   h          dt          l2 error         order
```

```
--------------------------------------------------
12.90323    0.025806    0.030559
 6.34921    0.012698    0.007577    2.011942
 3.14961    0.006299    0.001910    1.987935
 1.56863    0.003137    0.000481    1.988300
 0.78278    0.001566    0.000121    1.992722
--------------------------------------------------
```

위 결과로 부터 Black-Scholes 방정식에 대한 크랭크 니콜슨 유한차분법의 수렴도가 2차임을 알수가 있다.

제 4 절 Greeks

투자자는 투자를 할 때 투자안의 수익률뿐만이 아닌 위험에도 관심을 갖는다. 파생상품의 거래를 통하여 미래의 위험을 감쇄시킬 수 있는데 이를 헤징(Hedging)이라 한다. 위험관리전략으로 아주 빈번하게 쓰이는 Greeks의 유한차분 근사치에 대해 알아보기로 하자.

블랙숄즈의 옵션가격결정모형에서 콜옵션의 가치 V는 다음과 같다.

$$
\begin{aligned}
V &= SN(d_1) - Ee^{-rT}N(d_2) \qquad (7.31)\\
d_1 &= \frac{\ln(\frac{S}{E}) + \left(r + \frac{1}{2}\sigma^2\right)T}{\sigma\sqrt{T}}\\
d_2 &= \frac{\ln(\frac{S}{E}) + \left(r - \frac{1}{2}\sigma^2\right)T}{\sigma\sqrt{T}} = d_1 - \sigma\sqrt{T}
\end{aligned}
$$

표준정규누적분포함수와 미분식은 다음과 같이 정의된다.

$$
\begin{aligned}
N(d) &= \frac{1}{\sqrt{2\pi}}\int_{-\infty}^{d} e^{-\frac{x^2}{2}}dx\\
N'(d) &= \frac{1}{\sqrt{2\pi}}e^{-\frac{d^2}{2}}
\end{aligned}
$$

Greeks	
Delta (Δ)	$\frac{\partial V}{\partial S} = N(d_1)$
Gamma (Γ)	$\frac{\partial^2 V}{\partial S^2} = N'(d_1)/(S\sigma\sqrt{T})$
Theta (Θ)	$\frac{\partial V}{\partial t} = -S\sigma N'(d_1)/(2\sqrt{T}) - rEe^{-rT}N(d_2)$
Rho (ρ)	$\frac{\partial V}{\partial r} = ETe^{-rT}N(d_2)$
Vega	$\frac{\partial V}{\partial \sigma} = S\sqrt{T}N'(d_1)$

Greeks는 말 그대로 그리스 문자들을 말한다. 각각의 그리스 문자는 각각의 지표의 변동에 대한 옵션가치의 변동비율, 즉 민감도를 의미한다. 이들 그리스문자들은 헤징과 관련하여 옵션의 투자 전략에 매우 중요하게 사용된다. Greeks은 옵션의 가격에 대한 해석해가 있는 경우, 각각의 Greeks의 정의에 따라 구한다. 그러나 대다수의 이색옵션과 같이 옵션가격의 해석해를 구할 수 없는 경우에는 수치 기법에 의존하여 Greeks의 근사적인 값을 구해야 한다. Greek에 관한 이야기를 하기 전에, 먼저 다음의 정리를 보자.

(정리) $SN'(d_1) - E\exp(-r(T-t))N'(d_2) = 0$. 여기서, $N'(x)$는 표준 평균밀도함수 (standard normal density function)이다.

(증명)

$$N'(x) = \frac{1}{\sqrt{2\pi}}\exp\left(-\frac{x^2}{2}\right)$$

이기 때문에, 다음의 식을 유도할 수 있다.

$$\frac{N'(d_1))}{N'(d_2)} = \exp\left[-\frac{1}{2}(d_1^2 - d_2^2)\right] = \exp\left[-\frac{1}{2}(d_1+d_2)(d_1-d_2)\right]. \tag{7.32}$$

이제, d_1과 d_2의 정의에 따라, 다음과 같이 쓸 수 있으며,

$$d_1 + d_2 = 2\frac{\ln\frac{S}{E} + r(T-t)}{\sigma\sqrt{(T-t)}}, \qquad d_1 - d_2 = \sigma\sqrt{T-t},$$

이는 다음 식을 만족한다.

$$\frac{1}{2}(d_1+d_2)(d_1-d_2) = \ln\frac{S}{E} + r(T-t) = \ln\frac{S}{E\exp(-r(T-t))}.$$

위의 식에 식 (7.32)을 대입하여 정리하면,

$$\frac{N'(d_1)}{N'(d_2)} = \frac{E\exp(-r(T-t))}{S} \quad\Rightarrow\quad SN'(d_1) - E\exp(-r(T-t))N'(d_2) = 0.$$

4.1 델타(Δ)

델타(Δ)는 주가 변화에 따른 옵션가치의 변화율을 의미한다. 옵션의 가치를 V라 하고 주가를 S라 하면 델타는 다음과 같다.

$$\Delta = \frac{\partial C}{\partial S}$$

블랙숄즈모형에서 콜옵션의 델타는 콜옵션의 가치인 식(7.31)를 주가 S에 대해 편미분해서 얻으므로,

$$\begin{aligned}\Delta &= \frac{\partial C}{\partial S} = N(d_1) + S\frac{\partial d_1}{\partial S}N'(d_1) - Ee^{-r(T-t)}\frac{\partial d_2}{\partial S}N'(d_2) \\ &= N(d_1) + \frac{1}{\partial S\sigma\sqrt{T-t}}SN'(d_1) - Ee^{-r(T-t)}N'(d_2) \\ &= N(d_1)\end{aligned}$$

옵션가격결정식의 해석해를 알고 있다면, Greek 역시 해석적인 값을 구할 수 있다. 그러나 대부분의 옵션가격결정식에서 해석해를 구하기는 매우 어려우므로 수치적인 접근법을 통해 근사해를 구한다. Greeks 역시 수치 기법을 이용해 근사해를 구한다. 델타를 근사적으로 도출하는 방법에 대해 알아보자.

$$\frac{\partial V}{\partial S} \approx \frac{\Delta V}{\Delta S} = \frac{V(S+\Delta S) - V(S-\Delta S)}{2\Delta S} \tag{7.33}$$

식(7.33)을 격자공간에서 이산적으로 표현하면 다음과 같다.

$$\Delta \approx \frac{V_{i+1}^n - V_{i-1}^n}{2h}$$

델타는 무위험 포트폴리오를 구성하기 위해서 중요한 역할을 한다. 콜옵션매도거래에서의 델타 헷징은 콜옵션을 한개 매입또는 매도할 때마다 Δ개만큼의 주식을 매도 또는 매입해서 포트폴리오의 위험을 제거하는 것을 말한다. 콜옵션에서 델타는 항상 양의 값을 가지므로 콜옵션에 long position을 취할 경우, 기초자산에 short position을 취해서 헤지 포지션을 구성하는 것이다. 물론 콜옵션을 매도할 경우 기초자산은 매입 포지션을 취하여 헤징을 한다. 이렇게 보유한 포트폴리오와 반대의 보수를 갖는 포트폴리오를 구성하는 것을 포트폴리오를 복제한다고 하고(replicate) 이 포트폴리오를 복제포트폴리오라고 한다. 풋옵션의 델타는 항상 음의 값을 가진다. 따라서 무위험 포트폴리오를 구성하기 위해, 풋옵션의 포지션과 기초자산의 포지션은 동일하게 설정한다.

Greeks의 수치해를 구할때 편의상 함축적 유한차분법을 사용할것이나 좀 더 정확한 해를 구하기 위해서 크랭크-니콜슨 방법을 사용할 수도 있다.
`BSim_delta.m`는 수치해와 블랙-숄즈 해석해를 이용해 델타를 구하는 MATLAB 코드이다.

```
%%%%%%%%%%%%%%%%%%%%%%%%%%%%%%%% BSim_delta.m %%%%%%%%%%%%%%%%%%%%%%%%%%%%%%%%%%%%%%%%%
clear all; clc; clf;
E=230; sigma=0.5; r=0.03; T=1; Nx=50; Nt=100;
L=800; k=T/Nt; x=linspace(0,L,Nx); h =x(2)-x(1);
for i=1:Nx
    v(i) = max(x(i)-E,0);
end
for i=1:Nx-2
     dd(i)=1/k+(sigma*i)^2+r;
     c(i)=-r*i/2 - ((sigma*i)^2)/2;
end
for i=1:Nx-3
    a(i)=r*(i+1)/2-((sigma*(i+1))^2)/2;
end
for n=1:Nt
    d=dd;
    for i=1:Nx-3
         b(i)=v(i+1)/k;
    end
    v(Nx)= L - E*exp(-r*k*n);
    b(Nx-2) = v(Nx-1)/k - c(Nx-2)*v(Nx);
    for i = 2:Nx-2
        xmult= a(i-1)/d(i-1);
        d(i) = d(i) - xmult*c(i-1);
        b(i) = b(i) - xmult*b(i-1);
    end
    v(Nx-1) = b(Nx-2)/d(Nx-2);
    for i = Nx-3:-1:1
        v(i+1) = (b(i) - c(i)*v(i+2))/d(i);
    end
end
% Delta of numerical solution
for i = 2:Nx-1
    Delta(i-1)  = (v(i+1)-v(i-1))/(2*h);
```

```
end
plot(x(2:Nx-1),Delta,'k*-'); hold on

% Delta of exact solution
for i=1:Nx
    d1=(log(x(i)/E)+(r+sigma^2/2)*T)/(sigma*sqrt(T));
    Delta2(i) = normcdf(d1);
end
plot(x,Delta2,'ko-'); grid on

xlabel('Underlying Asset','fontsize',20)
ylabel('Delta','fontsize',20)
legend('FDM','Exact',4)
set(gca,'fontsize',20)
%%%%%%%%%%%%%%%%%%%%%%%%%%%%%%%%%%%%%%%%%%%%%%%%%%%%%%%%%%%%%%%%%%%%%%%%%%%%%%
```

그림 7.19은 MATLAB 코드 `BSim_delta.m`를 실행한 결과이다. 수치해석에 의한 델타와 해석해에 의한 델타가 매우 비슷함을 알 수 있다.

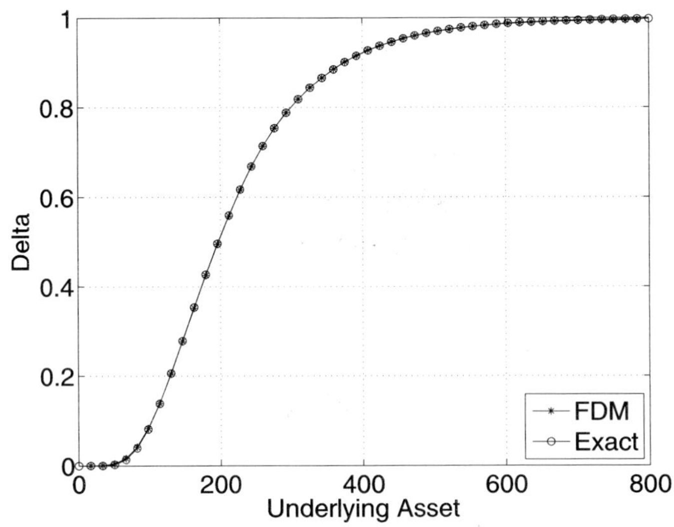

그림 7.19: 유한차분법과 해석해을 이용하여 구한 델타

4.2 감마(Γ)

감마(Γ)는 기초자산의 변화에 따른 델타의 민감도를 의미한다. 만약 감마가 작다면 포트폴리오를 가끔씩만 조정하면 된다. 반대로 감마가 크다면 포트폴리오가 무위험한 시나리오로 유지되는 기간은 매우 짧게 된다. 따라서 포트폴리오를 더 자주 조정해야 무위험상태를 유지할 수 있다. 감마는 델타를 지수 S에 대해 편미분해서 얻는다.

$$\begin{aligned}\Gamma &= \frac{\partial^2 V}{\partial S^2} = \frac{\partial}{\partial S}(\frac{\partial V}{\partial S}) = \frac{\partial}{\partial S}(N(d_1)) \\ &= \frac{N'(d_1)}{S\sigma\sqrt{T-t}} = \frac{e^{-\frac{1}{2}d_1^2}}{S\sigma\sqrt{2\pi(T-t)}} > 0\end{aligned}$$

감마에 대한 근사식은 다음과 같다.

$$\Gamma \approx \frac{V_{i+1}^n - 2V_i^n + V_{i-1}^n}{h^2}$$

BSim_gamma.m는 유한차분법에 의한 수치해와 블랙-숄즈 식에 의한 감마를 구하는 MATLAB 코드이다.

```
%%%%%%%%%%%%%%%%%%%%%%%%%%%%%% BSim_gamma.m %%%%%%%%%%%%%%%%%%%%%%%%%%%%%%%%%%
clear all; clf; clc;
E=230; sigma=0.5; r=0.03; T=1.0; Nx=50; Nt=100; L=800; k=T/Nt;
x=linspace(0,L,Nx); h =x(2)-x(1);
for i=1:Nx
    v(i) = max(x(i)-E,0);
end
for i=1:Nx-2
     dd(i)=1/k+(sigma*i)^2+r;
     c(i)=-r*i/2 - ((sigma*i)^2)/2;
end
for i=1:Nx-3
    a(i)=r*(i+1)/2-((sigma*(i+1))^2)/2;
end
for n=1:Nt
    d=dd;
    for i=1:Nx-3
```

```
            b(i)=v(i+1)/k;
        end
        v(Nx)= L - E*exp(-r*k*n);
        b(Nx-2) = v(Nx-1)/k - c(Nx-2)*v(Nx);
        for i = 2:Nx-2
            xmult= a(i-1)/d(i-1);
            d(i) = d(i) - xmult*c(i-1);
            b(i) = b(i) - xmult*b(i-1);
        end
        v(Nx-1) = b(Nx-2)/d(Nx-2);
        for i = Nx-3:-1:1
            v(i+1) = (b(i) - c(i)*v(i+2))/d(i);
        end
end
% Gamma of numerical solution
for i = 2:Nx-1
    Gamma(i)  = (v(i+1)-2*v(i)+v(i-1))/(h^2);
end
plot(x(2:Nx-1),Gamma(2:Nx-1),'k*-'); hold on

% Gamma of exact solution
for i=1:Nx
    d1=(log(x(i)/E)+(r+sigma^2/2)*T)/(sigma*sqrt(T));
    Gamma2(i) = (exp(-0.5*(d1^2)))/(x(i)*sigma*sqrt(2*pi*T));
end
plot(x,Gamma2,'ko-'); grid on

xlabel('Underlying Asset','fontsize',20)
ylabel('Gamma','fontsize',20)
legend('FDM','Exact',1)
set(gca,'fontsize',20)
%%%%%%%%%%%%%%%%%%%%%%%%%%%%%%%%%%%%%%%%%%%%%%%%%%%%%%%%%%%%%%%%%%%%%%%%%%%%
```

그림 7.20은 MATLAB 코드를 실행한 결과이다. 함축적 유한차분법에 의한 감마와 해석해에 의한 감마가 매우 비슷함을 알 수 있으며 행사가격에 가까워지면 갑자기 커지는 현상을 확인할

수 있다.

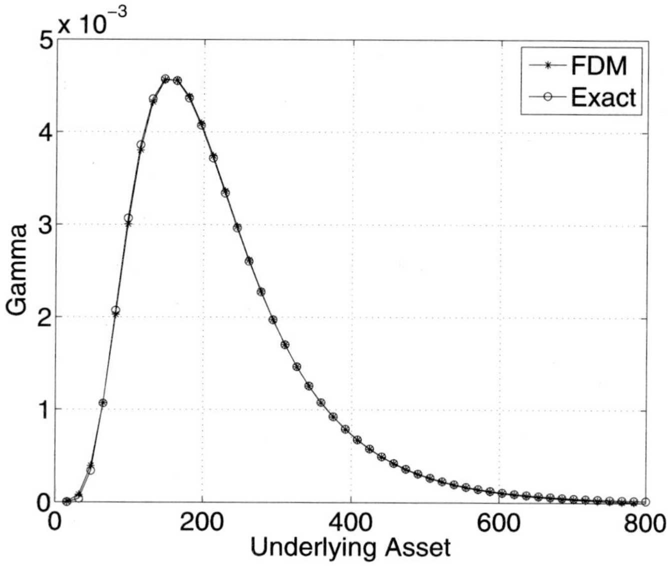

그림 7.20: 유한차분법을 이용하여 구한 감마

4.3 세타(Θ)

세타(Θ)는 시간(t)의 변화에 따른 옵션가격의 변화율을 의미한다. 옵션의 잔존기간($T-t$)에 따라 옵션의 가치가 변화하는 정도를 나타내는 척도이다. 세타는 다음과 같이 옵션의 가치 V를 시간 t에 대해 편미분해서 얻는다.

$$\begin{aligned}\Theta &= \frac{\partial V}{\partial t} = -\frac{\partial V}{\partial T} = -\left[\frac{\partial S\sigma N'(d_1)}{2\sqrt{T-t}} + rEN(d_2)e^{-r(T-t)}\right] \\ &= -\frac{S\sigma e^{-\frac{1}{2}d_1^2}}{2\sqrt{2\pi(T-t)}} - rEN(d_2)e^{-r(T-t)} < 0\end{aligned}$$

$$\Theta = \frac{\partial V}{\partial t} \approx \frac{V_i^{n+1} - V_i^n}{\Delta t}$$

`BSim_theta.m`는 유한차분법에 의한 수치해와 블랙-숄즈 식에 의한 세타를 구하는 MATLAB 코드이다.

```
%%%%%%%%%%%%%%%%%%%%%%%%%%%%%%% BSim_theta.m %%%%%%%%%%%%%%%%%%%%%%%%%%%%%%%
clear all; clf; clc;
E=230; sigma=0.5; r=0.03; T=1; Nx=50; Nt=100;
L=800; k=T/Nt; x=linspace(0,L,Nx); h =x(2)-x(1);
for i=1:Nx
    v(i) = max(x(i)-E,0);
end
for i=1:Nx-2
     dd(i)=1/k+(sigma*i)^2+r;
     c(i)=-r*i/2 - ((sigma*i)^2)/2;
end
for i=1:Nx-3
    a(i)=r*(i+1)/2-((sigma*(i+1))^2)/2;
end
for n=1:Nt
    d=dd;
    for i=1:Nx-3
         b(i)=v(i+1)/k;
    end
    v(Nx)= L - E*exp(-r*k*n);
    b(Nx-2) = v(Nx-1)/k - c(Nx-2)*v(Nx);
    for i = 2:Nx-2
        xmult= a(i-1)/d(i-1);
        d(i) = d(i) - xmult*c(i-1);
        b(i) = b(i) - xmult*b(i-1);
    end
    v(Nx-1) = b(Nx-2)/d(Nx-2);
    for i = Nx-3:-1:1
        v(i+1) = (b(i) - c(i)*v(i+2))/d(i);
    end
    if (n == Nt-1)
        ov = v;
    end
end
```

```
% Theta of numerical solution
Theta = (ov-v)/k;
plot(x,Theta,'k*-'); hold on

% Theta of exact solution
T = (T+T-k)/2;
for i = 1:Nx
    d1=(log(x(i)/E)+(r+sigma^2/2)*T)/(sigma*sqrt(T));
    d2=d1-sigma*sqrt(T);
    Theta2(i) = -x(i)*sigma*exp(-0.5*d1^2)/(2*sqrt(2*pi*T)) ...
        - r*E*exp(-r*T)*normcdf(d2);
end
plot(x,Theta2,'ko-'); grid on
xlabel('Underlying Asset','fontsize',20)
ylabel('Theta','fontsize',20)
legend('FDM','Exact',4)
set(gca,'fontsize',20)
%%%%%%%%%%%%%%%%%%%%%%%%%%%%%%%%%%%%%%%%%%%%%%%%%%%%%%%%%%%%%%%%%%%%%%%%%%%
```

그림 7.21은 MATLAB 코드를 실행한 결과이다. 유한차분법에 의한 세타와 해석해에 의한 세타는 비슷함을 알 수 있으며 행사가격 근처에서 급변함을 확인할 수 있다.

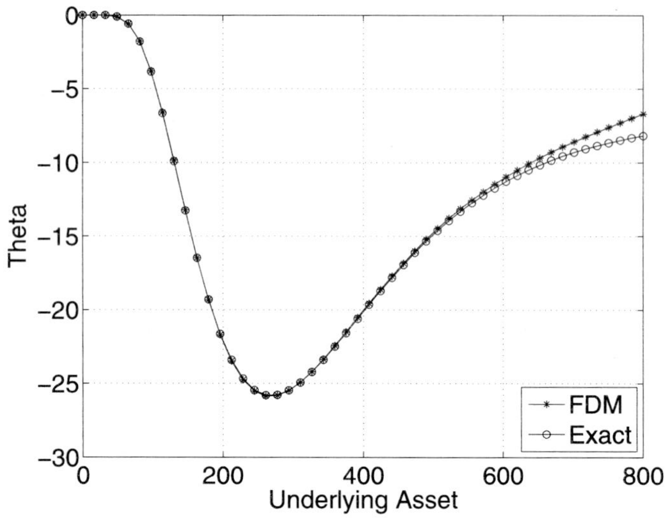

그림 7.21: 유한차분법을 이용하여 구한 세타

4.4 로우(ρ)

로우(ρ)는 무위험이자율 r의 변화에 따른 옵션가격의 변화율을 의미한다. 로우는 옵션의 가치 V를 무위험이자율 r에 대해 편미분해서 얻는다.

$$\rho = \frac{\partial V}{\partial r} = EN(d_2)(T-t)e^{-r(T-t)} > 0$$

$$\rho = \frac{\partial V}{\partial r} \approx \frac{V_i^n(r+\Delta r) - V_i^n(r)}{\Delta r}$$

BSim_rho.m는 유한차분법에 의한 수치해와 블랙-숄즈 식에 의한 로우를 구하는 MATLAB 코드이다.

```
%%%%%%%%%%%%%%%%%%%%%%%%%%%%%%%% BSim_rho.m %%%%%%%%%%%%%%%%%%%%%%%%%%%%%%%%
clear all; clf; clc;
E=230; sigma=0.5; T=1; Nx=50; Nt=100; L=800; k=T/Nt;
x=linspace(0,L,Nx); h =x(2)-x(1); r = [0.03 0.04];
for j = 1:2
for i=1:Nx
    v(i) = max(x(i)-E,0);
```

```
end
for i=1:Nx-2
     dd(i)=1/k+(sigma*i)^2+r(j);
     c(i)=-r(j)*i/2 - ((sigma*i)^2)/2;
end
for i=1:Nx-3
    a(i)=r(j)*(i+1)/2-((sigma*(i+1))^2)/2;
end
for n=1:Nt
    d=dd;
    for i=1:Nx-3
         b(i)=v(i+1)/k;
    end
    v(Nx)= L - E*exp(-r(j)*k*n);
    b(Nx-2) = v(Nx-1)/k - c(Nx-2)*v(Nx);
    for i = 2:Nx-2
        xmult= a(i-1)/d(i-1);
        d(i) = d(i) - xmult*c(i-1);
        b(i) = b(i) - xmult*b(i-1);
    end
    v(Nx-1) = b(Nx-2)/d(Nx-2);
    for i = Nx-3:-1:1
        v(i+1) = (b(i) - c(i)*v(i+2))/d(i);
    end
end
if j == 1
    v1 = v;
else
    v2 = v;
end
end
% Rho of numerical solution
Rho = (v2-v1)/(r(2)-r(1));
plot(x,Rho,'k*-'); hold on
```

```
% Rho of exact solution
r = (r(1)+r(2))/2;
for i = 1:Nx
    d1=(log(x(i)/E)+(r+sigma^2/2)*T)/(sigma*sqrt(T));
    d2=d1-sigma*sqrt(T);
    Rho2(i) = E*T*exp(-r*T)*normcdf(d2);
end
plot(x,Rho2,'ko-'); grid on

xlabel('Underlying Asset','fontsize',20)
ylabel('Rho','fontsize',20)
legend('FDM','Exact',4)
set(gca,'fontsize',20)
%%%%%%%%%%%%%%%%%%%%%%%%%%%%%%%%%%%%%%%%%%%%%%%%%%%%%%%%%%%%%%%%%%%%%%%%%%%%%
```

그림 7.22은 MATLAB 코드를 실행한 결과이다. 유한차분법에 의한 로우와 해석해에 의한 로우는 비슷함을 알 수 있으며 행사가격 근처에서 급변함을 확인할 수 있다.

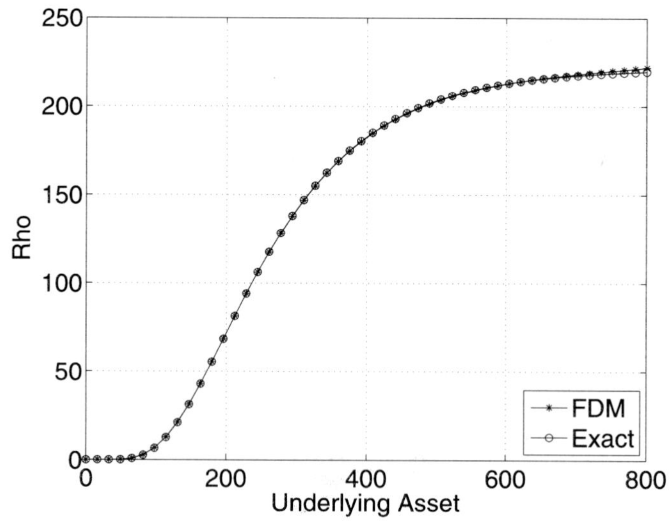

그림 7.22: 함축적 유한차분법을 이용하여 구한 로우

4.5 베가($Vega$)

베가는 변동성 σ에 대한 옵션가격의 변화율을 의미한다. 베가는 그리스문자가 아니라 천문학에서 별의 이름이다. 베가는 옵션의 가치V를 변동성 σ에 대해 편미분해서 얻는다.

$$vega = \frac{\partial V}{\partial \sigma} = S\sqrt{T-t}N'(d_1) = \frac{S\sqrt{T-t}}{\sqrt{2\pi}}e^{-\frac{1}{2}d_1^2} > 0$$

$$vega = \frac{\partial V}{\partial \sigma} \approx \frac{V_i^n(\sigma + \Delta\sigma) - V_i^n(\sigma)}{\Delta\sigma}$$

BSim_vega.m는 유한차분법에 의한 수치해와 블랙-숄즈 식에 의한 베가를 구하는 MATLAB 코드이다.

```
%%%%%%%%%%%%%%%%%%%%%%%%%% BSim_vega.m %%%%%%%%%%%%%%%%%%%%%%%%%%%%%%%
clear all; clf; clc;
E=230; T=1; r = 0.03; Nx=50; Nt=100;
L=800; k=T/Nt; x=linspace(0,L,Nx); h =x(2)-x(1);
sigma = [0.4 0.5];
for j = 1:2
for i=1:Nx
    v(i) = max(x(i)-E,0);
end
for i=1:Nx-2
     dd(i)=1/k+(sigma(j)*i)^2+r;
     c(i)=-r*i/2 - ((sigma(j)*i)^2)/2;
end
for i=1:Nx-3
    a(i)=r*(i+1)/2-((sigma(j)*(i+1))^2)/2;
end
for n=1:Nt
    d=dd;
    for i=1:Nx-3
         b(i)=v(i+1)/k;
    end
    v(Nx)= L - E*exp(-r*k*n);
    b(Nx-2) = v(Nx-1)/k - c(Nx-2)*v(Nx);
```

```
    for i = 2:Nx-2
        xmult= a(i-1)/d(i-1);
        d(i) = d(i) - xmult*c(i-1);
        b(i) = b(i) - xmult*b(i-1);
    end
    v(Nx-1) = b(Nx-2)/d(Nx-2);
    for i = Nx-3:-1:1
        v(i+1) = (b(i) - c(i)*v(i+2))/d(i);
    end
end
if j == 1
    v1 = v;
else
    v2 = v;
end
end
% Vega of numerical solution
Vega = (v2-v1)/(sigma(2)-sigma(1));
plot(x,Vega,'k*-'); hold on

% Vega of exact solution
sigma = (sigma(1) + sigma(2))/2;
for i = 1:Nx
    d1=(log(x(i)/E)+(r+sigma^2/2)*T)/(sigma*sqrt(T));
    Vega2(i) = x(i)*sqrt(T)*exp(-0.5*(d1^2))/(sqrt(2*pi));
end
plot(x,Vega2,'ko-'); grid on

xlabel('Underlying Asset','fontsize',20)
ylabel('Vega','fontsize',20)
legend('FDM','Exact',1)
set(gca,'fontsize',20)
%%%%%%%%%%%%%%%%%%%%%%%%%%%%%%%%%%%%%%%%%%%%%%%%%%%%%%%%%%%%%%%%%%%%%%%%%%%%%%%%
```

그림 7.23은 MATLAB 코드를 실행한 결과이다. 유한차분법에 의한 베가와 해석해에 의

한 베가는 비슷함을 알 수 있으며 행사가격 근처에서 급변함을 확인할 수 있다.

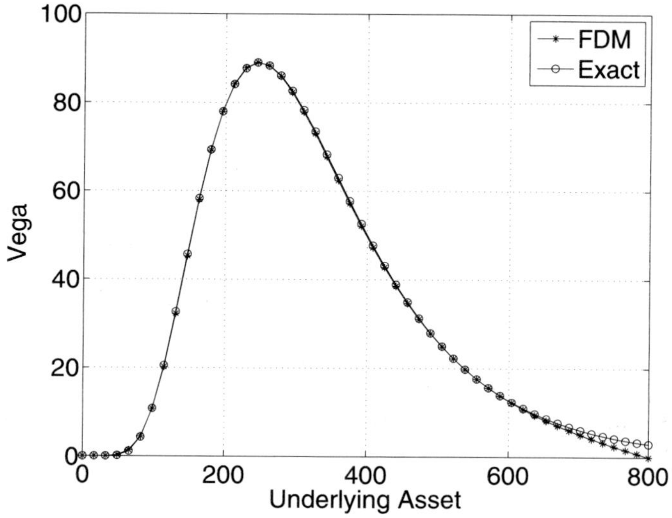

그림 7.23: 함축적 유한차분법을 이용하여 구한 베가

8장

Tree가격결정모형 (Tree Pricing Model)

블랙-숄즈의 옵션가격결정모형은 기초자산의 가격변화가 연속적인 값을 갖는다고 가정하여 옵션의 가격을 도출한다. 이 모형을 풀기 위해서는 확률해석학과 편미분방정식 등을 비롯한 상당한 수학적 지식이 요구된다. 이에 비해 이산모형은 기초자산의 가격변화가 이산적인 값을 갖는다고 가정하고 옵션의 가격을 도출한다. 이 중에서 Tree 모형은 기초자산의 가격이 상승하거나 하락하는 두 가지 값만을 갖는 상황에서 옵션의 가치를 구한다. Tree 모형은 블랙-숄즈의 모형에 비해 수학적으로 더 쉽게 접근할 수 있다. 그 중에서 이항모형은 1979년에 Cox, Ross 그리고 Rubinstein이 옵션의 가격을 결정하기 위해 개발한 모형으로 위험중립가치평가원리를 적용하여 옵션의 가격을 산정한다.

제 1 절 이항옵션가격결정모형의 가정

이항옵션가격결정모형(이후 이항모형)은 다음과 같은 가정들로부터 도출된다.

(1) 완전자본시장가정(No-Arbitrage): 자본시장에서 차익거래의 기회가 존재하지 않으며, 투자자는 무위험이자율[1]로 필요한 자금을 차입하거나, 대출할 수 있다.

[1]무위험이자율(risk free rate)
위험이 전혀 내포되지 않은 순수한 투자의 기대수익률로서 무위험수익률 또는 순수이자율이라고도 한다. 화폐의 시간적 가치인 무위험 이자율은 정기예금, 국채 등의 이자율들이 이에 해당한다고 할 수 있다. 따라서 무위험이자율은 국내외의 전반적인 경제변동과 국가의 금융정책 등에 의하여 변화하는 특성을 가지고 있다.

(2) 이항분포가정: 기초자산의 가격변동은 이항분포를 따르고 주가는 매기간 일정비율로 상승하거나 하락한다.

이상의 가정 하에서 주식과 옵션을 적절히 혼합하여 투자하면 주식의 가격변동위험을 완전히 헷지할 수 있는 무위험 포트폴리오를 구성할 수 있다. 시장이 균형인 상태에서는 무위험 포트폴리오의 수익률이 무위험이자율과 같아야 한다는 논리로 이항옵션모형에서의 옵션의 가격을 구한다.

제 2 절 1기간 이항모형

이항모형의 개념을 이해하기 위하여 1기간 모형을 먼저 살펴보자. 주가지수를 S라 하자. 지수의 상승확률을 p로, 하락확률을 $(1-p)$라 하고, 지수의 상승배수를 u, 하락배수를 d로 나타내면 기말의 지수는 p의 확률로 Su가 되거나, $(1-p)$의 확률로 Sd가 된다(그림 8.1).

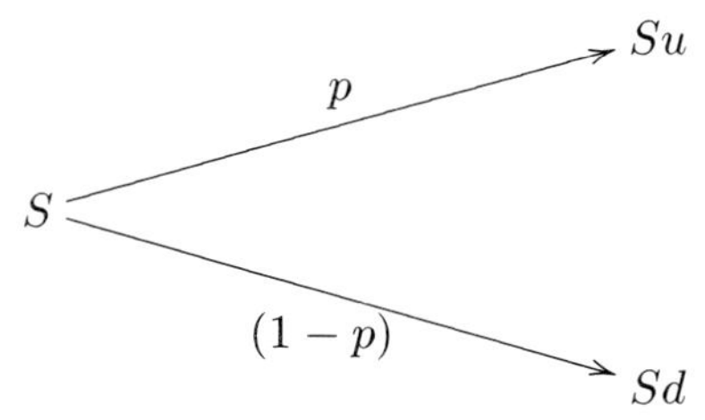

그림 8.1: 1기간 이항모형-주식

이제 1기간 이항모형에서 유럽형 콜옵션의 가치에 대해 알아보자. 기초자산의 옵션 가격을 f라 하고 행사가격을 E라 하면 기초자산인 주가지수 S가 기말에 Su가 되거나 Sd가 되는지의 여부에 따라 기초 자산의 옵션 가치 f와 기말의 옵션 가치 f_u와 f_d는 그림 8.2와 같이 나타낼 수 있다.

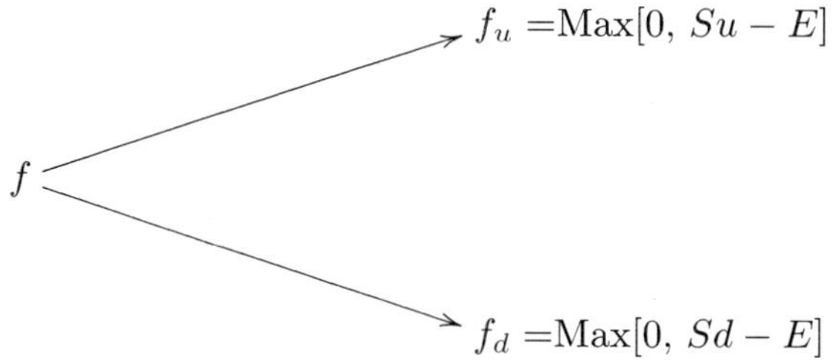

그림 8.2: 1기간 이항모형-옵션

블랙-숄즈모형에서 이용한 Covered call option strategy 즉, 콜옵션매도와 주식매수를 적절히 조합하면 무위험포트폴리오를 구성할 수 있다는 논리를 그대로 이용하여 콜옵션을 1개 매도하고 주식을 Δ개 매입하는 무위험 포트폴리오를 구성해보자. 투자자는 콜옵션매도로부터 받은 옵션프리미엄과 은행대출로 받은 금액으로 주식을 구입한다. 그림 8.3는 무위험 포트폴리오의 가치를 나타낸 것이다.

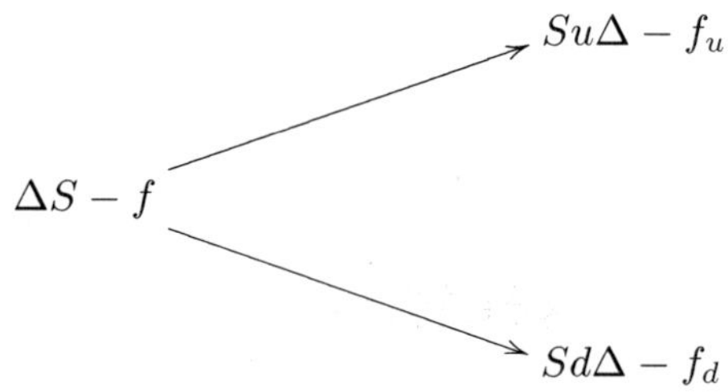

그림 8.3: 1기간 이항모형의 포트폴리오의 가치

무위험 포트폴리오는 기초자산의 가격이 오르거나, 내리거나 동일한 수익을 보장해주어야 하므로 아래의 식이 성립한다.

$$Su\Delta - f_u = Sd\Delta - f_d$$

Δ를 구해보면

$$\Delta = \frac{f_u - f_d}{Su - Sd} \left(\approx \frac{\partial f}{\partial S} \right) \tag{8.1}$$

이다. Δ를 $\partial f / \partial S$로 근사하면 Hedge Ratio가 된다. 즉, 1개의 옵션 계약에 따른 위험을 회피(Hedge)하기 위해서는 Δ개만큼의 주식을 보유하면 된다. 이것을 델타 헤징(Delta Hedging)[2]이라 한다.

또한, 차익거래의 기회가 없다면, 현재의 포트폴리오의 투자비용과 미래의 기대수익을 현재가치로 할인한 금액은 같아야 한다. 따라서 다음 식이 성립한다.

$$S\Delta - f = (Su\Delta - f_u)e^{-rT} \tag{8.2}$$

이제 식(8.2)의 Δ에 식 (8.1)을 대입하여 정리하면 현재의 옵션가격 f를 구할 수 있다.

[2]자세한 내용은 제 6장 유한차분법의 Greek을 참고하기 바란다.

$$
\begin{aligned}
f &= (S\Delta e^{rT} - Su\Delta + f_u)e^{-rT} && (8.3)\\
&= \left(S\frac{f_u - f_d}{Su - Sd}e^{rT} - Su\frac{f_u - f_d}{Su - Sd} + f_u\right)e^{-rT} && (8.4)\\
&= \left(\frac{f_u - f_d}{u - d}e^{rT} - u\frac{f_u - f_d}{u - d} + \frac{f_u(u - d)}{u - d}\right)e^{-rT} && (8.5)\\
&= \left(\frac{f_u(e^{rT} - d)}{u - d} + \frac{f_d(u - e^{rT})}{u - d}\right)e^{-rT} && (8.6)
\end{aligned}
$$

투자자는 $d > e^{rT}$이면 자산을 모두 주식에 투자하고, $e^{rT} > u$이면 자산을 모두 무위험채권에 투자하므로 시장에 주식과 무위험채권이 모두 존재하려면 $d < e^{rT} < u$의 조건이 만족되어야 한다. 현실의 자본시장에는 주식과 무위험채권이 모두 존재하므로 $d < e^{rT} < u$라 가정하자. 이 때,

$$Q = \frac{e^{rT} - d}{u - d}$$

라고 하면, Q는 0과 1사이의 확률로 해석할 수 있다. 따라서,

$$1 - Q = \frac{u - e^{rT}}{u - d}$$

이다. 여기서 Q는 주가의 상승확률 p와는 다른 개념이라는 점을 알아두자. 시장에서 주식이 오를 확률 p는 market probability measure 이라 하는데 이는 옵션의 가격 결정시 어떠한 역할도 못한다. 하지만 Q를 주식이 오를 확률이라고 하면, 이는 risk-neutral probability measure로 시장의 의견이 무시된 값이므로, Q는 p와 서로 다른 개념인 것이다. 그렇다면, Q가 왜 risk-neutral probability measure인지 알아보자.

위 식을 정리하면 옵션의 가치 f는

$$f = e^{-rT}(Qf_u + (1 - Q)f_d)$$

이다. 기말주가 S_T의 기대값을 확률측도 Q을 이용하여 도출해 보자.

$$
\begin{aligned}
E(S_T) &= QSu + (1 - Q)Sd = QS(u - d) + Sd && (8.7)\\
&= \frac{e^{rT} - d}{u - d}S(u - d) + Sd = Se^{rT} && (8.8)
\end{aligned}
$$

위의 식은 확률측도 Q를 사용할 경우 주가는 무위험이자율만큼의 비율로 증가해간다는 것을 보여준다. 즉, 확률측도 Q를 이용하여 주가를 계산하는 것이 바로 위험중립을 가정하는 것임을 보여준다. 위에서 계산한 옵션의 가치 f도 옵션의 가치가 위험중립가정하에서 미래의 기대수익을 무위험이자율로 할인한 현재가치이다. 따라서, Q를 위험중립확률(Risk Neutral Probability)이라고 부른다.

> **[예제]**
>
> 현재 KOSPI200지수가 100이고, 1기간 후의 KOSPI200지수가 130이나 80이 된다고 가정해보자. 1기간 후에 배당이 없는 KOSPI200을 100에 매입할 수 있는 유럽형 콜옵션의 가격을 구해보자.

먼저, 문제를 다음과 같은 그림으로 표현해보자.

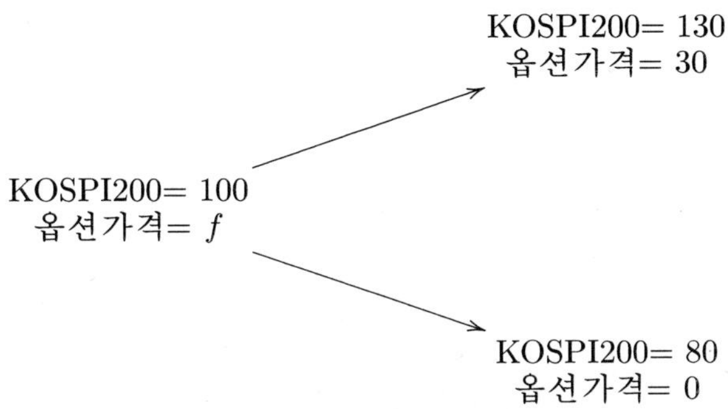

이러한 KOSPI200을 기초자산으로 하는 콜옵션의 이론가격 f를 구하기 위하여 콜옵션 1계약을 매도하고 Δ만큼 주식을 매입하여 무위험 포트폴리오를 만들어보자.

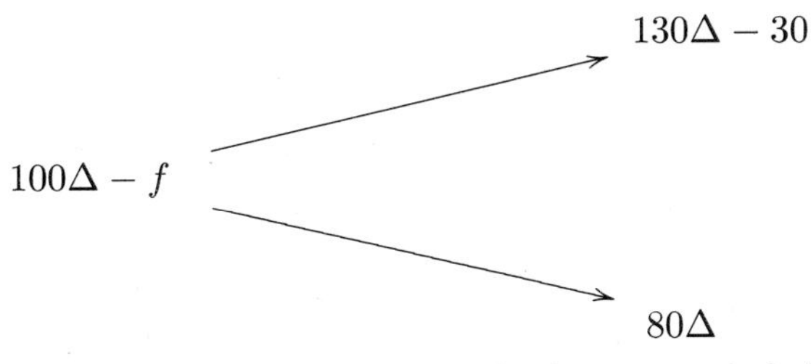

위의 무위험 포트폴리오는 KOSPI200지수의 상승 또는 하락에 관계없이 일정한 가치를 갖게 되므로 KOSPI200지수의 두 가지 움직임에 상관없이 포트폴리오의 최종가치는 같도록 하기 위하여 다음과 같이 구할 수 있다.

$$130\Delta - 30 = 80\Delta$$
$$\Delta = 3/5$$

따라서, 무위험 포트폴리오는 콜옵션 1계약 매도에 대해 KOSPI200을 3/5만큼 매입함으로써 구성된다. KOSPI200지수가 130으로 상승할 때나 80으로 하락할 때 모두 포트폴리오의 가치는

$$130 \times \frac{3}{5} - 30 = 80 \times \frac{3}{5} = 48$$

차익거래가 없는 무위험포트폴리오의 수익률은 무위험이자율이기 때문에 이 기간 동안의 무위험이자율이 10%라면 이 포트폴리오의 현재가치는 1기간 말의 가치 48을 10%의 무위험이자율로 할인한 값이 된다.

$$48 \times e^{-0.10\times 1} = 43.4322$$

따라서, 콜옵션 1계약을 f에 매도하고 3/5주의 주식을 S에 매입하여 구성한 무위험포트폴리오에서 현재의 주가S는 100으로 알려져 있으므로 콜옵션의 가격 f가 다음과 같이 구해진다.

$$100 \times \frac{3}{5} - f = 43.4322$$
$$f = 16.5678$$

따라서, 적정한 콜옵션의 가격 f는 16.5678이 된다.

이제, 위의 예제를 MATLAB으로 구현해보자.

```
%%%%%%%%%%%%%%%%%%%%%%%%%%%%%%%%%%%%%%%%%%%%%%%%%%%%%%%%%%%%%% binomial_1time.m %%%%%%%%%%%%%%%%%%%%%%%%%%%%%%%%%%%%%%%%%%%%%%%%%%%%%%%%%%%%%%%%%%%%
T = 1; N = 1; dt = T/N; S = 100; E = 100; r = 0.10;
Su = 130; Sd = 80; St = [Su Sd]; p = 0.5;
for i =  1:N+1
    call(i) = max(St(i)-E,0);
end
i = N;
Delta = (call(i) - call(i+1))/(St(i)-St(i+1));
V = St(1)*Delta - call(1);
currentV = V*exp(-r*T);
Callprice = S*Delta-currentV
%%%%%%%%%%%%%%%%%%%%%%%%%%%%%%%%%%%%%%%%%%%%%%%%%%%%%%%%%%%%%%%%%%%%%%%%%%%%%%%%%%%%%%%%%%%%%%%%%%%%%%%%%%%%%%%%%%%%%%%%%%%%%%%%%%%%%%%%%%%%%%%%%%%
```

옵션의 가격은 기초자산에 비례하기 때문에 옵션의 가치는 기초자산의 가격이 상승 또는 하락할 확률과 무관하게 결정되어 진다. 이항모형에 의한 옵션가격결정공식을 보면, 옵션의 가치는 현재 기초자산의 가격 S, 행사가격 E, 무위험이자율 r, 기초자산가격의 상승폭 u, 기초자산가격의 하락폭 d의 값만 주어지면 구할 수 있음을 알 수 있다.

다음 예제에서 위험중립적 가치평가로 옵션의 가치를 구해보자. 위험중립적 가치평가라는 것은 만기의 옵션가치의 기대값 $pf_u + (1-p)f_d$을 위험중립적 시장에서 기대현금흐름을 무위험이자율로 할인함을 의미하는 것이다.

[예제]

앞의 예제를 $S = 100, E = 100, u = 1.3, d = 0.8, r = 10\%$ 일때, 위험중립적 가치평가방식에 따라 다시 풀어보기로 하자.

먼저 KOSPI200지수의 상승확률 p를 구해보자.

$$p = \frac{e^{0.1} - 0.8}{1.3 - 0.8} = 0.6103$$

따라서, 기간 말에 옵션의 가치가 30이 될 확률을 0.6103이고, 0이 될 확률은 0.3897이 된다. 그러므로 옵션의 기대가치는

$$0.6103 \times 30 + 0.3897 \times 0 = 18.3103$$

이 되고, 이를 무위험이자율 10%로 할인하면 다음의 옵션가격을 얻을 수 있다.

$$18.3103 \times e^{-0.1} = 16.5678$$

이제, 위의 예제를 MATLAB으로 구현해보자.

```
%%%%%%%%%%%%%%%%%%%%%%%%%%%% binomial_1time2.m %%%%%%%%%%%%%%%%%%%%%%%%%%%%%%%%
T = 1; N = 1; dt = T/N; S = 100; E = 100; r = 0.10;
u = 1.3; d = 0.8;
p = (exp(r*dt)-d)/(u-d);
call = [max(S*u-E,0) max(S*d-E,0)];
CP = p*call(1) + (1-p)*call(2);
currentCP = CP*exp(-r*T)
%%%%%%%%%%%%%%%%%%%%%%%%%%%%%%%%%%%%%%%%%%%%%%%%%%%%%%%%%%%%%%%%%%%%%%%%%%%%%%%%
```

이렇게 계산된 옵션의 가격은 앞의 예제의 결과와 동일하다. 그러므로 차익거래가 없는 상황에서의 옵션가치평가와 위험중립적 세계에서의 옵션가치평가가 동일한 답을 갖게 됨을 알 수 있다.

제 3 절 다기간 모형

앞 절에서 살펴본 1기간 이항모형은 다기간 이항모형으로 확장할 수 있다. 먼저 2기간 이항모형을 살펴보자.

3.1 2기간 모형

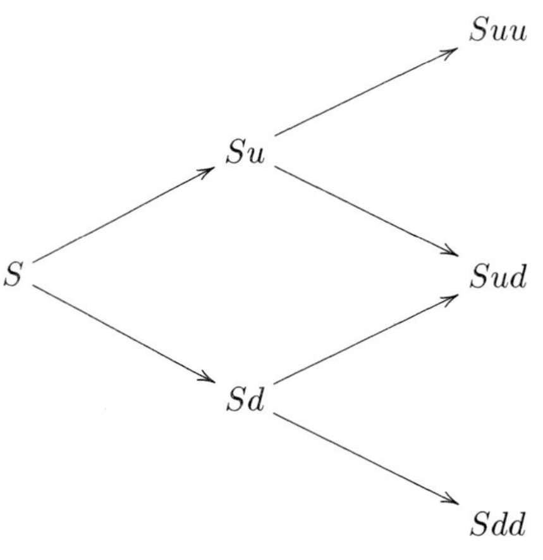

그림 8.4: 2기간 이항모형-주식

현재의 주가지수는 S이며 1기간마다 주가지수는 그 전기의 주가지수에 u를 곱한 만큼 상승하거나, d를 곱한 만큼 하락한다거 가정하자. 그러므로 1기간이 지난 경우 주가지수는 Su로 상승하거나 Sd로 하락한다고 가정하면 1기간이 경과한 후 주가지수는 Su와 Sd에 각각 u를 곱한 만큼 상승하거나 d를 곱한 만큼 하락하게 된다. 2기에서 주가지수는 Suu, Sud 또는 Sdd의 세 가지 지수 중 하나가 된다. 무위험이자율은 r로 1기간은 Δt로 한다. 그림 8.4는 2기간 모형에서 주가지수의 움직임을 나타낸다. 옵션의 가격은 주가지수의 변화에 대응하여 같은 논리로 현재의 옵션가격 f는 1기간이 지난 후에 f_u가 되거나, f_d가 된다. 여기서 다시 1기간이 경과하면 옵션의 가치는 f_{uu}, f_{ud} 또는 f_{dd}가 된다. (그림 8.5 참고)

2기간 이항모형에서 1기의 옵션이 가질 수 있는 가치 f_u와 f_d는 각각 위험중립 가정 하에서 2기에서의 옵션의 기대이익을 무위험이자율로 할인한 가치이다.

$$f_u = e^{-r\Delta t}(Qf_{uu} + (1-Q)f_{ud}) \quad (8.9)$$

$$f_d = e^{-r\Delta t}(Qf_{ud} + (1-Q)f_{dd}) \quad (8.10)$$

마찬가지로 초기의 옵션 가치 f는 위험중립가정하에서 1기에서의 옵션의 기대이익을 무

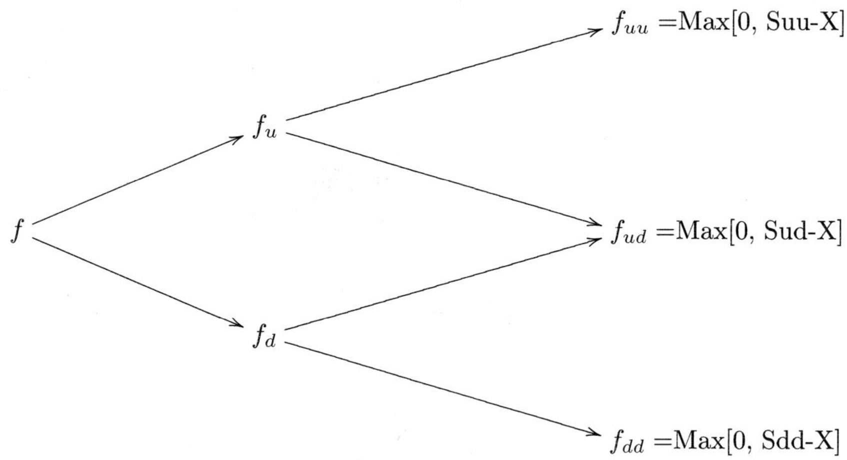

그림 8.5: 2기간 이항모형-옵션

위험이자율로 할인한 현재가치가 된다.

$$f = e^{-r\Delta t}(Qf_u + (1-Q)f_d)$$

식(8.9)과 식(8.10)을 위 식에 대입하여 현재의 옵션 가치 f를 구해보면,

$$f = e^{-2r\Delta t}(Q^2 f_{uu} + 2Q(1-Q)f_{ud} + (1-Q)^2 f_{dd})$$

을 얻게된다.

[예제]

앞의 예제를 2기간 이항모형으로 확장시켜 생각해보자.

현재 100인 KOSPI200지수는 각 기간마다 30% 상승 또는 20% 하락한다고 가정하자. 2기간 후 KOSPI200지수를 100에 매입할 수 있는 유럽형 콜옵션의 가격을 구해보자.

2기간 동안 KOSPI200지수와 옵션가격을 아래의 그림과 같이 표현할 수 있다.

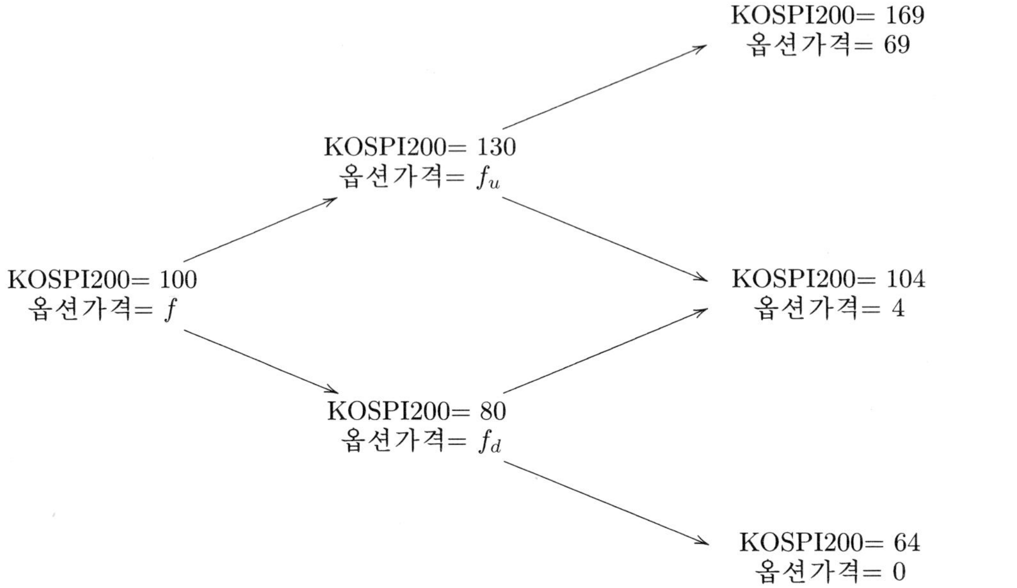

각 기간마다 30%의 상승비율 또는 20%의 하락비율을 가지고 있으므로, KOSPI200지수는 1기간 말에 130 또는 80이 되고, 2기간 말에는 169, 104, 64이 될 것이다. 위험 중립적 가치평가모형을 적용하기 위해 각 기간별 KOSPI200지수의 상승확률인 p의 값을 구해보자.

$$p = \frac{e^{rt} - d}{u - d} = \frac{e^{0.1} - 0.8}{1.3 - 0.8} = 0.6103$$

따라서, 2기간 말의 기대가치의 현재가치를 구하면 현재시점에서 옵션의 가치를 구할 수 있다. (식 (??) 참고)

$$\begin{aligned} f &= e^{-0.1\times 2}[(0.6103)^2 \times 69 + 2 \times 0.6103 \times 0.3897 \times 4 + (0.3897)^2 \times 0] \\ &= 22.6021 \end{aligned}$$

이처럼 2기간 말의 옵션가치로부터 직접 현재시점의 옵션의 가치를 구하는 대신 각 기간별로 차례대로 옵션의 가치를 구하는 방법도 있다.

먼저, 1기간 말의 옵션의 가치를 다음과 같이 구하자.

$$\begin{aligned} f_u &= e^{-0.1}(0.6103 \times 69 + 0.3897 \times 4) = 39.5163 \\ f_d &= e^{-0.1}(0.6103 \times 4 + 0.3897 \times 0) = 2.2090 \end{aligned}$$

이제 이 값을 이용하여 현재시점의 옵션의 가치를 구하면

$$f = e^{-0.1}(0.6103 \times 39.5163 + 0.3897 \times 2.2090) = 22.6021$$

앞서 구한 방법과 동일한 옵션의 가치를 얻을 수 있다. 다음 MATLAB 코드는 위에서 푼 방식을 이용하여 MATLAB 코드로 구현한 것이다.

```
%%%%%%%%%%%%%%%%%%%%%%%%%% binomial_2times_2.m %%%%%%%%%%%%%%%%%%%%%%%%%%
clear all; clc;
T=2; N=2; dt=T/N; S=100; E=100; r=0.1; u=1.3; d=0.8;
rho = (exp(r*dt)-d)/(u-d);

% 만기 Call Price
Cuu = max(S*u^2 -E,0);
Cud = max(S*u*d -E,0);
Cdd = max(S*d*d -E,0);

% 1단계 Call Price
Cu = exp(-r*dt)*(rho*Cuu+(1-rho)*Cud);
Cd = exp(-r*dt)*(rho*Cud+(1-rho)*Cdd);

% 0단계 Call Price
C = exp(-r*dt)*(rho*Cu+(1-rho)*Cd)
%%%%%%%%%%%%%%%%%%%%%%%%%%%%%%%%%%%%%%%%%%%%%%%%%%%%%%%%%%%%%%%%%%%%%%%%%%%%%%%%%%%%%%%
```

하지만 위의 방법대로 MATLAB 코드를 구현하면 3단계이상부터는 굉장히 복잡하게 코드가 만들어지게 된다.

위의 예제를 보다 일반화 시키면 다음 MATLAB 코드binomial_2time.m로 구현할 수 있다.

```
%%%%%%%%%%%%%%%%%%%%%%%%%% binomial_2times.m %%%%%%%%%%%%%%%%%%%%%%%%%%%%
clear all; clc;
T=2; N=2; dt=T/N; S=100; K=100; r=0.1; u=1.3; d=0.8;
rho=(exp(r*dt)-d)/(u-d);    % Risk-Neutral probability

for i = 1:N+1
    V(i) = max((S*u^(i-1)*d^(N+1-i))-K, 0); % 만기 Payoff
end
```

```
for j = N:-1:1
    for i = 1:j
        V(i) = exp(-r*dt)*(rho*V(i+1)+(1-rho)*V(i));
    end
end
V(1)
```

그림 8.6에서 볼 수 있듯이 이항모형옵션에서 KOSPI200지수 S_t는 다음의 index를 가지고 MATLAB 코드에서 사용된다. 수직방향으로 움직이는 것은 오르거나 내릴 경우의 지수를 표현하는 것이며, 평행한 방향의 움직임은 시간의 흐름을 나타낸다. 다음 그림은 6기간 이항모형을 표현한 것이다.

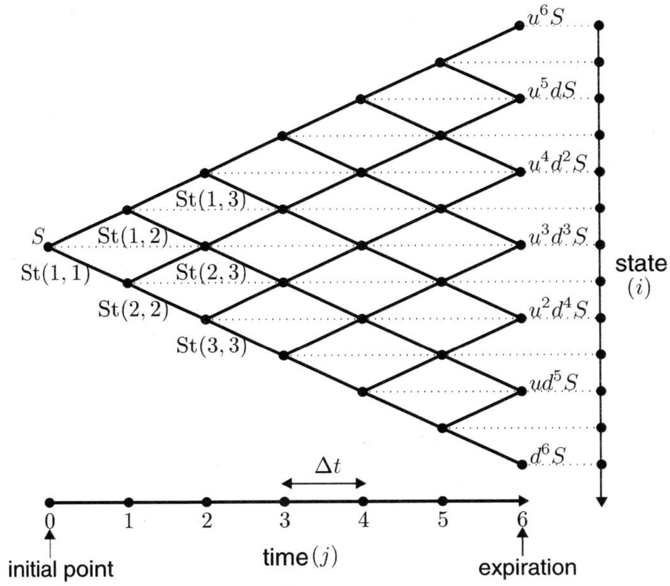

그림 8.6: 이항옵션

3.2 모수의 결정

주가의 이항과정을 구성하기 위해서는 모수인 p, u, d를 결정해야 한다. Cox와 Ross, Rubinstein의 모형에 따라 p, u, d를 계산해보자.[3] 앞에서 살펴본 대로 위험중립가정 하에서 주식의

[3] Cox, Ross, Rubinsterin의 모형에 따라 확률 P를 계산할 경우 시간 구간의 수 N을 증가시킬 경우 P가 음의 값을

기대수익률은 무위험이자율 r이다. 따라서 Δt기간말의 주가의 기대값은 $Se^{r\Delta t}$이므로 다음의 식이 성립한다.

$$\begin{aligned} Se^{r\Delta t} &= pSu + (1-p)Sd \\ e^{r\Delta t} &= pu + (1-p)d \end{aligned}$$

주가가 랜덤워크를 따른다는 가정하에 아주 짧은 시간 Δt동안 주가변화율의 분산은 $\sigma^2\Delta t$이다. 그러면 분산의 정의에 따라,

$$\sigma^2\Delta t = pu^2 + (1-p)d^2 - [pu + (1-p)d]^2$$

가 성립한다. 위의 공식은 간단한 대수적 조작을 거쳐 아래의 식이 된다.

$$\sigma^2\Delta t = e^{r\Delta t}(u+d) - ud - e^{2r\Delta t} \tag{8.11}$$

여기에 Cox와 Ross, Rubinstein은 다음과 같은 가정을 제시했다.

$$u = \frac{1}{d}$$

$u = 1/d$이므로 $Sud = S$가 된다. 이는 주가가 상승한 후에 하락한 가격은 초기의 주가와 같다는 것이다. 이 가정은 이항 Tree의 재조합(Recombining)을 가능하게 해서 모형을 더 간단하게 구성할 수 있게 한다. 이제 위의 식들로부터 p, u, d를 구해보면

$$p = \frac{e^{r\Delta t} - d}{u - d}, \qquad u = e^{\sigma\sqrt{\Delta t}}, \qquad d = e^{-\sigma\sqrt{\Delta t}}.$$

를 얻을 수 있다. 이제 위에서 구한 모수들인 p, u, d가 위의 식을 만족하는지 검증해 보자. 위 식을 Taylor 전개하고, 차수가 Δt보다 큰 항들을 무시하면 다음의 식들을 얻을 수 있다.

$$\begin{aligned} e^{r\Delta t} &= 1 + r\Delta t \\ e^{\sigma\sqrt{\Delta t}} &= 1 + \sigma\sqrt{\Delta t} + \frac{1}{2}\sigma^2\Delta t \\ e^{-\sigma\sqrt{\Delta t}} &= 1 - \sigma\sqrt{\Delta t} + \frac{1}{2}\sigma^2\Delta t \end{aligned}$$

식(8.11)의 우변에 위의 모수들을 대입하여 정리하면 좌변이 $\sigma^2\Delta t$가 됨을 알 수 있다.

3.3 다기간 모형

다기간 이항모형에서의 옵션가격도 위와 같은 방식으로 구하게 된다. 먼저 주가의 이항과정을 구성하고 각 상황별로 만기의 옵션의 보수를 계산한다. 만기에서부터 그 전기의 옵션의 기댓

가질 수 있다. 이러한 단점을 보완하기 위해 Jarrow와 Rudd는 P를 1/2로 고정시켜 이항모형을 구성했다.

값을 계산해가며(Backward Induction) 초기까지 이 과정을 반복하여 옵션의 가치를 계산한다. 2기간 이항모형에서의 옵션가격결정식인 식(??)를 이항분포의 전개식을 이용하여 다시 표현하면 다음과 같다.

$$f = e^{-2r\Delta t}\sum_{n=0}^{2}\binom{2}{n}Q^n(1-Q)^{2-n}\mathrm{Max}[0, u^n d^{2-n}S - E]$$

위 식에서 $\binom{2}{n}Q^n(1-Q)^{2-n}$은 2기간 동안의 가격 변동 중 주가가 n번 상승하고 $(2-n)$번 하락할 확률을 의미하며 $\mathrm{Max}[0, u^n d^{2-n}S - E]$은 그 때의 옵션의 가치를 의미한다. 따라서 만기(T)까지 n기간 남아 있는 옵션의 균형가격은 다음과 같이 평가할 수 있다.

$$f = e^{-rT}\sum_{n=0}^{T}\binom{T}{n}Q^n(1-Q)^{T-n}\mathrm{Max}[0, u^n d^{T-n}S - E]$$

이 장에서 다룬 이항옵션모형에서는 옵션의 가격이 주가의 상승확률이나 하락확률과는 무관하게 결정된다. 오직 차익거래의 기회가 존재하지 않는다는 가정만이 필요하며 주가의 상승 및 하락확률에 대한 정보는 필요하지 않다. 따라서 투자자들이 주가상승배수나 주가하락배수, 그리고 무위험 이자율에 대해 동질적인 기대를 갖는다면 주가의 상승 및 하락확률에 대해 서로 다른 기대를 하더라도 옵션의 균형가격은 동일하게 평가한다. 또한 옵션의 가치를 평가하기 위해 위험중립가치평가 원칙을 적용함으로써 투자자의 위험선호도와 무관하게 옵션의 가격이 결정된다. 이는 시장이 균형 상태에 있을 때에는 무위험 포트폴리오의 수익률과 무위험이자율이 같기 때문이다.

제 4 절 이항모형의 수치분석

무배당주식을 기초자산으로 하는 유럽형 콜옵션의 가치를 구하는 이항모형을 수치분석을 통해 도출해보자. 시간공간을 $i\Delta$, 상태공간(주가)을 j로 하는 2차원 격자를 구성하고, 옵션의 만기 T를 각 구간의 길이가 Δt인 N개의 구간으로 나눈다. $i\Delta$시점의 j번째 node를 (i, j)로 나타내면 $i\Delta$시점에서 주가가 취할 수 있는 상태는 $i+1$개이다. (i, j)에서의 주가는 $Su^j d^{i-j}$이고 (i, j)에서의 옵션의 가치를 $f_{i,j}$라 하자. 만기에 유럽형 콜옵션의 가치는 $\mathrm{Max}(0, S_T - E)$이므로 다음이 성립한다.

$$f_{N,j} = \mathrm{Max}(0, Su^j d^{N-j} - E), \qquad \text{for } \ j = 0, 1, \ldots, N$$

i시점의 (i, j)에서 $i+1$시점의 $(i+1, j+1)$로 움직일 확률은 p이고 $(i+1, j)$로 움직일 확률은 $1-p$이다. 따라서 위험중립가치평가의 원칙에 의하여 다음이 성립한다.

$$f_{i,j} = e^{-r\Delta t}[pf_{i+1,j+1} + (1-p)f_{i+1,j}], \qquad \text{for } \ 0 \le i \le N-1, \ \ 0 \le j \le i$$

[예제]

무위험 이자율 $r = 0.05$, 변동성 $\sigma = 0.3$인 시장에서 현재 KOSPI200 지수가 100인 주식을 10기간 후 100에 매입할 수 있는 유럽형 콜옵션의 가격을 구하는 MATLAB 코드를 만들어보자.

다음은 위의 결과들을 고려하여 유럽형 콜옵션의 이항모형을 수치분석으로 구한 MATLAB 코드이다.

```
%%%%%%%%%%%%%%%%%%%%%%%%%%%%%% binomial.m %%%%%%%%%%%%%%%%%%%%%%%%%%%%%%
clear; clc;
T=1; N=10; dt=T/N; S=100; E=100; r=0.05; vol=0.3;
u=exp(vol*sqrt(dt)); d=1/u; p=(exp(r*dt)-d)/(u-d);

for i = 1:N+1
    V(i) = max((S*u^(i-1)*d^(N+1-i))-E, 0); % 만기 Payoff
end

for j = N:-1:1
    for i = 1:j
        V(i) = exp(-r*dt)*(p*V(i+1)+(1-p)*V(i));
    end
end
Callprice = V(1)
%%%%%%%%%%%%%%%%%%%%%%%%%%%%%%%%%%%%%%%%%%%%%%%%%%%%%%%%%%%%%%%%%%%%%%%%
```

결과는 다음과 같다.

```
Callprice = 13.9408
```

즉 예제의 조건을 만족하는 유럽형 콜옵션은 13.9408의 가치를 지니고 있음을 확인할 수 있다.

이항모형은 각 단계마다 기초자산의 가격이 일정한 값만큼 상승하거나 하락한다는 가정에서 출발하였다. 이러한 가정은 매우 비현실적인 것처럼 보인다. 그러나 각 단계의 시간의 크기를 작게 하여 충분히 많은 단계로 나눈 경우에는 기초자산의 가격 변동이 현실적인 분포를 갖게 된다. 실무적으로 대부분 30 ~ 50단계의 이항모형을 적용하는 것이 보통이나 이 정도가 되면 이상적인 이항분포가 거의 연속적인 분포모형으로 수렴하게 된다.

여기에서 중요한 것은 이항모형이 블랙-숄즈모형의 대체 역할 뿐 아니라 훨씬 다양한 형태의 옵션의 가치를 평가하는 데 활용된다는 점이다. 이항모형은 블랙-숄즈모형에 비해 제약적인 가정이 훨씬 적기 때문에 복잡한 구조를 갖는 옵션의 가격을 계산하는 데 활용될 수 있다. 그림 8.7에서 보면 변동성(σ)에 따라 블랙-숄즈 방정식의 옵션 가격이 변화하는 것에 비해 이항모형은 변동성(σ)에 영향이 없이 항상 일정한 값을 가지기 때문에 이항모형을 이용하는 것이 훨씬 효과적인 방법이 된다. 또한, 조기행사가 가능한 미국형 옵션이나 불규칙한 현금흐름을 갖는 자산에 대한 옵션의 가치를 평가할 경우 블랙-숄즈 모형을 이에 맞게 매번 변형하는 것보다 이항모형을 이용하는 것이 보다 효율적으로 구할 수 있게 된다.

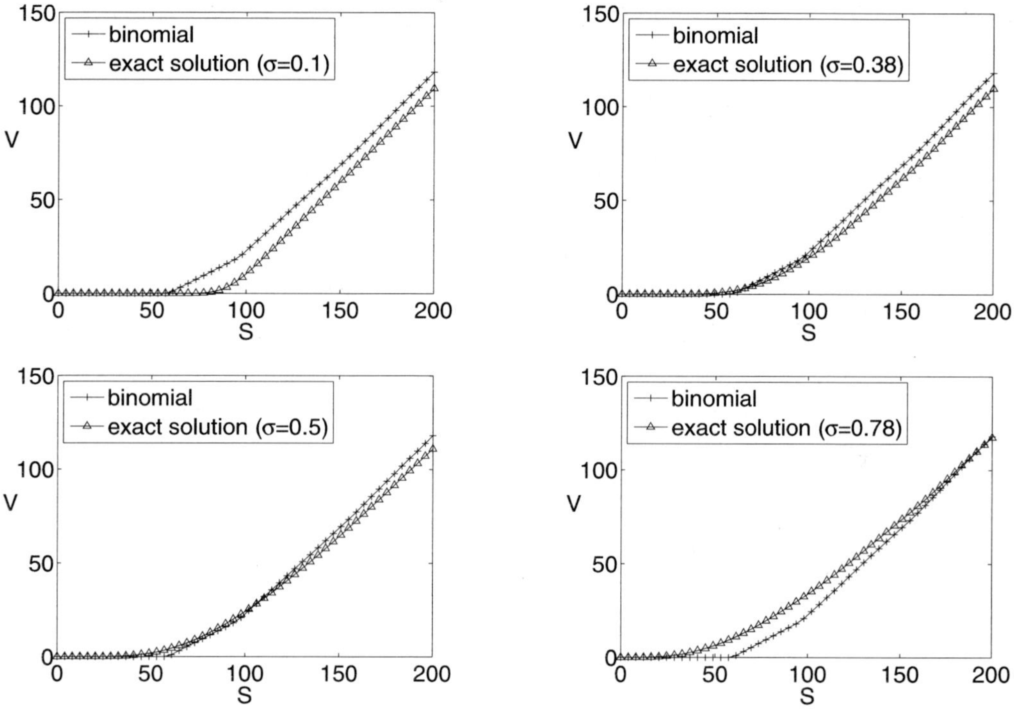

그림 8.7: 변동성에 따른 이항 모형과 블랙-숄즈 방정식의 해 비교

제 5 절 이항 모델을 이용한 이색 옵션 가격 결정

5.1 아메리칸 옵션(American Option)

유러피언 옵션은 만기일에 도달하였을 때, 행사를 할 수 있는 옵션인 것에 비해 아메리칸 옵션은 매 시간 행사를 할 수 있는 옵션이다. 그래서 아메리칸 옵션은 유러피언 옵션에 비해 조기 행사가 가능한 옵션이다. 이러한 옵션의 가격을 결정하기 위해서는 매 순간 콜옵션의 가격과 현재 가지를 비교하면서 행사 여부를 결정하게 된다. 그렇기 때문에 각각의 단계별로 항상 두 가격을 비교하면서 결정을 해야 한다.

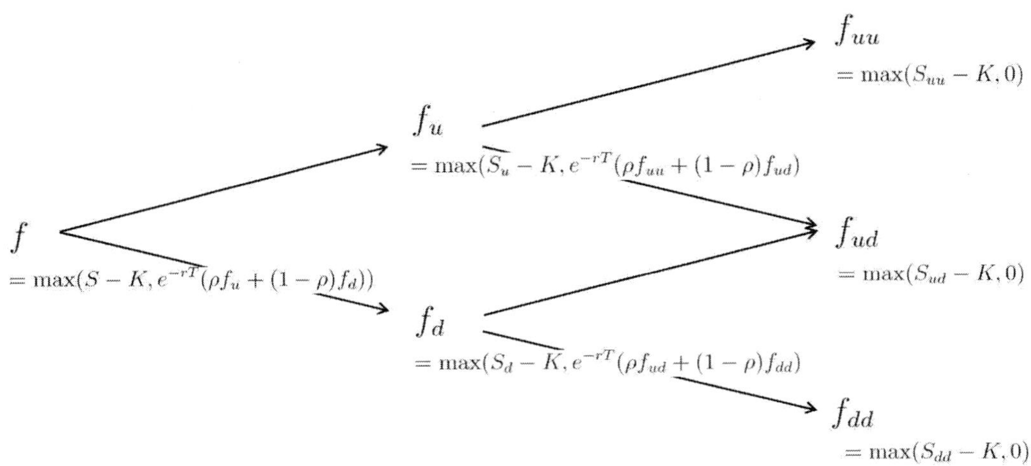

다음 예제는 아메리칸 옵션을 이항모형을 이용하여 구하는 예제이다.

예제

무위험 이자율 $r = 0.06$, 변동성 $\sigma = 0.3$인 시장에서 현재 KOSPI200 지수가 100인 주식을 3기간 후 100에 매입할 수 있는 아메리칸 콜옵션의 가격을 구하는 MATLAB 코드를 만들어보자.

다음은 위의 결과들을 고려하여 아메리칸 콜옵션의 이항모형을 수치분석으로 구한 MATLAB 코드이다.

```
%%%%%%%%%%%%%%%%%%%%%%%%%% binomial_american.m %%%%%%%%%%%%%%%%%%%%%%%%%%
clear all; clc;
S=100; K=100; T=3; r=0.06; N=2; sigma=0.3; dt=T/N;
CP=1; % put-call choice - call:1 , put:-1

u=exp(sigma*sqrt(dt)); d=1/u;
rho=(exp(r*dt)-d)/(u-d);

St(1)=S*d^(N);
V(1)=max(CP*(St(1)-K),0);

for i=2:N+1
    St(i)=St(i-1)*u/d;
    V(i)=max(CP*(St(i)-K),0);
end

for j=N:-1:1
    for i=1:j
        St(i)=St(i)/d;
        V(i)=exp(-r*dt)*(rho*V(i+1)+(1-rho)*V(i));
        V(i)=max(V(i),CP*(St(i)-K));
    end
end

Callprice = V(1)
%%%%%%%%%%%%%%%%%%%%%%%%%%%%%%%%%%%%%%%%%%%%%%%%%%%%%%%%%%%%%%%%%%%%%%%%%%%%%%
```

결과는 다음과 같다.

```
Callprice = 25.8931
```

즉 예제의 조건을 만족하는 아메리칸 콜옵션은 25.8931의 가치를 지니고 있음을 확인할 수 있다.

이와 같이 이항모형을 이용하면 매번 모형을 변형해서 쓰는 블랙-숄즈 방정식에 비해 훨씬 쉽게 옵션 가격을 결정할 수가 있다.

5.2 배리어 옵션(Barrier Option)

이번에 소개하는 이색옵션은 배리어 옵션이다. 배리어 옵션은 미리 기초자산의 상한값 및 하한값을 정하여 그 상, 하한값을 지남에 따라 손익함수(Payoff)가 달라지는 옵션을 말한다. 배리어 옵션을 크게 두 가지(A down-and-out 콜옵션, A down-and-in 콜옵션)로 나누어지는 데 그 내용은 다음과 같다.

5.2.1 A down-and-out 콜옵션

'A down-and-out call option'은 기초자산의 가격이 미리 정해진 배리어를 도달하면 손익이 0이 되고, 배리어(B)에 도달하지 않으면 유럽형 콜옵션의 손익함수를 갖는 옵션이다. 손익함수를 식으로 나타내면

$$\text{payoff} = \begin{cases} \max(S(T)-K,0) & \text{if } B > S(t) \\ 0 & \text{if } B \le S(t) \end{cases} \tag{8.12}$$

5.2.2 A down-and-in 콜옵션

'A down-and-in call option'은 'A down-and-out call option'과 반대로 미리 정해진 배리어에 도달하면 유럽형 콜옵션의 손익함수를 갖고, 그렇지 않으면 0이 되는 옵션이다.

$$\text{payoff} = \begin{cases} \max(S(T)-K,0) & \text{if } B \le S(t) \\ 0 & \text{if } B > S(t) \end{cases} \tag{8.13}$$

다음 예제를 통해서 배리어 옵션을 알아보도록 하자.

[예제]

무위험 이자율 $r = 0.05$, 변동성 $\sigma = 0.3$, 배리어가 200인 시장에서 현재 KOSPI200 지수가 100인 주식을 10기간 후 100에 매입할 수 있는 A down-and-out 콜옵션의 가격을 구하는 MATLAB 코드이다.

```
%%%%%%%%%%%%%%%%%%%%%%%%%%%%%% barrier.m %%%%%%%%%%%%%%%%%%%%%%%%%%%%%%%
clear; clc;
T=1; N=10; dt=T/N; S=100; E=100; r=0.05; vol=0.3;
u=exp(vol*sqrt(dt)); d=1/u; p=(exp(r*dt)-d)/(u-d); B=200;
```

```
for i = 1:N+1
    if (S*u^(i-1)*d^(N+1-i)) < B
       V(i) = max((S*u^(i-1)*d^(N+1-i))-E, 0);
    else
       V(i) = 0;
    end
end

for j = N:-1:1
    for i = 1:j
        V(i) = exp(-r*dt)*(p*V(i+1)+(1-p)*V(i));
    end
end
Callprice = V(1)
%%%%%%%%%%%%%%%%%%%%%%%%%%%%%%%%%%%%%%%%%%%%%%%%%%%%%%%%%%%%%%%%%%%%%%%%%%%%%%%%
```

위의 MATLAB 코드를 실행하면 다음과 같은 콜옵션의 가격을 구할 수 있다.

```
Callprice = 12.6843
```

5.3 룩백 옵션(Lookback Option)

룩백(Lookback)옵션은 기초자산의 가격의 최대 가격과 최소 가격에 의하여 옵션의 손익함수가 결정되는 옵션이다. 룩백 옵션은 크게 두 가지(floating, fixed)로 나누어진다. 'floating'의 경우는 만기일에 옵션 행사 가격이 결정되는 경우를 얘기하고, 'fixed'의 경우는 구입 시점에 행사 가격이 결정되는 경우다. 자세하게 설명하기 위해 아래와 같이 기호를 정의를 하겠다.

$$S_{max} = \max_{0 \le t \le T} S(t), \quad S_{min} = \min_{0 \le t \le T} S(t),$$

그럼 룩백 옵셤의 종류를 알아보도록 하자.

- A fixed strike lookback call option의 만기일의 payoff $= \max(S_{max} - K, 0)$
- A fixed strike lookback put option의 만기일의 payoff $= \max(K - S_{min}, 0)$

- A floating strike lookback call option의 만기일의 payoff $= S(T) - S_{min}$
- A floating strike lookback put option의 만기일의 payoff $= S_{max} - S(T)$

다음 예제를 통해서 룩백 옵션을 알아보도록 하자.

[예제]

무위험 이자율 $r = 0.05$, 변동성 $\sigma = 0.3$인 시장에서 현재 KOSPI200 지수가 100인 주식을 10기간 후 100에 매입할 수 있는 A fixed strike 룩백 콜옵션의 가격을 구하는 MATLAB 코드이다.

```
%%%%%%%%%%%%%%%%%%%%%%%%%%%%%%% lookback.m %%%%%%%%%%%%%%%%%%%%%%%%%%%%%%%
clear; clc;
T=1; N=10; dt=T/N; S=100; E=100; r=0.05; vol=0.3;
u=exp(vol*sqrt(dt)); d=1/u; p=(exp(r*dt)-d)/(u-d);

for i = 1:N+1
    for j=1:N+1
        St(i,j)=u^(i-j)*d^(j-1)*S;
    end
    Smax(i)=max(St(i,:));                  % 만기 Smax 설정
end
V(N+1,1:N+1)=max(Smax(N+1)-E,0);           % 만기 Payoff 설정

for j=N:-1:1
     for i=1:j
         V(i,j)=exp(-r*dt)*(p*V(i+1,j)+(1-p)*V(i+1,j+1));
     end
end

Callprice=V(1,1)
%%%%%%%%%%%%%%%%%%%%%%%%%%%%%%%%%%%%%%%%%%%%%%%%%%%%%%%%%%%%%%%%%%%%%%%%%%
```

위의 MATLAB 코드를 실행하면 다음과 같은 콜옵션의 가격을 구할 수 있다.

```
Callprice = 0.2801
```

제 6 절 여러 가지 이항 모델

지금까지 우리는 일반적인 이항 모델에 대해서 공부를 하였다. 하지만 이항 모델은 이 일반적인 모델을 제외하고 여러 가지가 있는데, Cox-Ross-Rubinstein 모델(CRR 모델), 타이탄 모델(Titan 모델), Jarrow-Rudd 모델(JR 모델), 일반 나무 모델처럼 4가지 정도로 나눌 수 있다. 이제 각각이 가지고 있는 특성에 대해서 알아보도록 하자.

6.1 Cox-Ross-Rubinstein(CRR) 모델

일반적으로 옵션의 가격을 결정하기 위해서는 블랙숄즈 방정식을 많이 이용한다. 하지만 CRR 모델을 이용하게 되면 굉장히 간단한 수학적 방법으로 블랙숄즈로 구한 값과 거의 비슷하게 구할 수 있게 된다. 더구나, Cox, Ross, 그리고 Rubinstein에 의하여 만들어진 이항모델로 가장 많이 쓰이고 있는 이항모델이다. 또한 이 CRR 모델은 무차익거래 조건을 만족하기 때문에 시간 간격이 거의 0으로 되지 않는다면, 이 모델에서 평균은 기초자산 가격의 정규분포의 평균과 일치하게 되지만, 분산의 경우는 일지하지 않게 된다. 그럼 가정되어야 할 것이 있는 데 무차익거래에 의하여, u 와 d는 $d < 1 + r < u$의 가정되어야 한다. 그 결과 Cox, Ross, 그리고 Rubinstein은 $ud = 1$, 즉, $u = \frac{1}{d}$임이 됨을 가정하였다. 그럼 유도해 보도록 하자.

일반적인 이항모형의 위험중립확률 $\rho = \dfrac{e^{r\triangle t} - d}{u - d}$로 이미 앞에서 배웠다. 위험중립확률로 기초자산 가격의 기댓값을 나타내보면

$$E(S_T) = QS_u + (1 - Q)S_d = Se^{rT} \tag{8.14}$$

그리고 여기서

$$E(S_T^2) = QS_u^2 + (1 - Q)S_d^2 = Se^{(2r+\sigma^2)\triangle T} \tag{8.15}$$

임을 알 수 있다. 그럼 식(8.15)에 $ud = 1$을 변수로 바꿔서 대입하면

$$d^2 + 2Ad + 1 = 0, \quad A = \tfrac{1}{2}(e^{-r\triangle t} + e^{(r+\sigma^2)\triangle t})$$

그러면 u와 d를 각각 아래와 같이 구할 수 있다.

$$u = A + \sqrt{A^2 - 1}, \quad d = A - \sqrt{A^2 - 1}$$

이제 모든 변수 u, d, Q를 무위험이자율 r과 변동성 σ로 나타낼 수 있다. u와 d의 해를 $\triangle t$의 차수를 1차로 유지하면서 구하게 되면

$$u = 1 + \sigma\sqrt{\triangle t} + \frac{1}{2}\sigma^2\triangle t, \quad d = 1 - \sigma\sqrt{\triangle t} + \tfrac{1}{2}\sigma^2\triangle t$$
$$Q = \frac{1}{2} + \frac{1}{2}(\frac{\mu}{\sigma})\sqrt{\triangle t}, \quad 1 - Q = \tfrac{1}{2} - \tfrac{1}{2}(\tfrac{\mu}{\sigma})\sqrt{\triangle t}$$

여기에서 쉽게 $ud = 1$이라는 것을 알 수 있다. 그리고 $\triangle t$가 0에 가까이 감에 따라 미세하게 작기 때문에 $\triangle t$의 높은 차수의 범위가 별다른 조건에 위배없이 추가될 수 있다. 그래서 우리는 아래와 같은 일반적인 형태로 나타낼 수 있다.

$$u = e^{\sigma\sqrt{\triangle t}}, \quad d = e^{-\sigma\sqrt{\triangle t}}$$

일반적으로 CRR 모델이 이항모델 중에서 가장 많이 있는 데 그 이유는 u와 d를 이용하여 구한 해가 실제해와 거의 비슷하기 때문이다. 하지만 일반적인 이항모델이 평균과 분산이 식 (8.14)과 (8.15)이기 정확하게 일치하기 때문에 보다 더 빠르게 수렴하게 된다.

[예제]

무위험 이자율 $r = 0.05$, 변동성 $\sigma = 0.3$인 시장에서 현재 KOSPI200 지수가 100인 주식을 10기간 후 100에 매입할 수 있는 유럽형 콜옵션의 가격을 CRR모형을 이용하여 구하는 MATLAB 코드를 만들어보자.

```
%%%%%%%%%%%%%%%%%%%%%%%%%%%%%%%%%% CRR.m %%%%%%%%%%%%%%%%%%%%%%%%%%%%%%%%%%%%%%%%
clear; clc;
T=1; N=10; dt=T/N; S=100; E=100; r=0.05; vol=0.3;
u=exp(vol*sqrt(dt)); d=1/u; p=(exp(r*dt)-d)/(u-d);

for i = 1:N+1
    V(i) = max((S*u^(i-1)*d^(N+1-i))-E, 0); % 만기 Payoff
end
```

```
for j = N:-1:1
    for i = 1:j
        V(i) = exp(-r*dt)*(p*V(i+1)+(1-p)*V(i));
    end
end

Callprice = V(1)
%%%%%%%%%%%%%%%%%%%%%%%%%%%%%%%%%%%%%%%%%%%%%%%%%%%%%%%%%%%%%%%%%%%%%%%%%%%%%%%%%%
```

위의 MATLAB 코드를 실행하면 다음과 같은 콜옵션의 가격을 구할 수 있다.

```
Callprice = 13.9408
```

6.2 Jarrow-Rudd(JR) 모델

이번에 소개할 이항트리 모형은 Jarrow-Rudd 모델로 간단히 JR모형이라 한다. JR모형의 큰 특징 중에 하나는 앞에 소개한 모델과는 다르게 위험중립확률이 항상 $\frac{1}{2}$이라는 것이다. 그럼 왜 확률이 $\frac{1}{2}$이 되는지 확인해보자. 위험중립확률 $Q = \frac{1}{2}$ 이기 때문에 Q를 식(8.14)과 식(8.15)에 각각 대입을 해보면

$$u + d = 2e^{r\triangle t} \tag{8.16}$$

$$u^2 + d^2 = 2e^{(2r+\sigma^2)\triangle t} \tag{8.17}$$

그럼 위의 방정식을 풀면 다음과 같은 결과가 나오게 된다.

$$u = e^{r\triangle t}(1 + \sqrt{(e^{\sigma^2\triangle t} - 1)} \tag{8.18}$$

$$d = e^{r\triangle t}(1 - \sqrt{(e^{\sigma^2\triangle t} - 1)} \tag{8.19}$$

이제 가장 낮은 차수를 유지하면서 근사값을 구하게 되면

$$u = 1 + r\triangle t + \sigma\sqrt{\triangle t}$$

$$d = 1 + r\triangle t - \sigma\sqrt{\triangle t}$$

가 나오게 됨을 알 수 있다. $\triangle t$가 0에 가까이 감에 따라 0에 수렴하게 되는 경향이 있으므로 높은 차수에서도 적용이 가능하고 블랙숄즈에 가깝게 수렴하게 되는 경향이 있다. 식(8.20)을 이용하여 JR모델을 적용하면 보다 최적의 값을 구할 수 있다.

$$u = e^{\mu\triangle t + \sigma\sqrt{\triangle t}}, \quad d = e^{\mu\triangle t - \sigma\sqrt{\triangle t}} \tag{8.20}$$

여기서

$$\mu = r - \frac{1}{2}\sigma^2 \tag{8.21}$$

CRR모형과 JR모형의 차이점은 우선 CRR모형은 $ud = 1$ (증가하거나 감소하는 확률)이기 때문에 대칭적인 특징을 갖고 있지만, JR모형의 경우는 $u = d = \frac{1}{2}$으로 두 확률이 같다. 하지만 JR모형의 경우 $ud = e^{2\mu\triangle t}$이기 때문에 모델 자체가 비스듬하게 움직이는 경향(Skew 현상)이 일어나기도 한다.

예제

무위험 이자율 $r = 0.05$, 변동성 $\sigma = 0.3$인 시장에서 현재 KOSPI200 지수가 100인 주식을 10기간 후 100에 매입할 수 있는 유럽형 콜옵션의 가격을 JR모형을 이용하여 구하는 MATLAB 코드를 만들어보자.

```
%%%%%%%%%%%%%%%%%%%%%%%%%%%%%%% JR.m %%%%%%%%%%%%%%%%%%%%%%%%%%%%%%%%%%
clear; clc;
T=1; N=10; dt=T/N; S=100; E=100; r=0.05; vol=0.3;
mu=r-0.5*vol^2;
u=exp(mu*dt+vol*sqrt(dt)); d=exp(mu*dt-vol*sqrt(dt));
p=(exp(r*dt)-d)/(u-d);

for i = 1:N+1
    V(i) = max((S*u^(i-1)*d^(N+1-i))-E, 0); % 만기 Payoff
end

for j = N:-1:1
    for i = 1:j
        V(i) = exp(-r*dt)*(p*V(i+1)+(1-p)*V(i));
```

```
    end
end
Callprice = V(1)
%%%%%%%%%%%%%%%%%%%%%%%%%%%%%%%%%%%%%%%%%%%%%%%%%%%%%%%%%%%%%%%%%%%%%%%%%%%
```

위의 MATLAB 코드를 실행하면 다음과 같은 콜옵션의 가격을 구할 수 있다.

```
Callprice = 13.9979
```

9장

몬테칼로 시뮬레이션 (Monte Carlo Simulation)

이 장에서는 통계적 표본추출법(Statistical Sampling)을 이용하는 몬테 칼로 기법에 대해서 알아볼 것이다. 몬테 칼로를 이용하여 주가지수 프로세스를 생성하기 위해서는 주가지수를 따르는 확률분포를 구해야 한다. 주가지수가 따르는 연속확률분포를 이산형의 난수로 대체하고 시뮬레이션을 통해 난수를 추출하여 그 난수들이 갖는 분포를 찾는다. 이러한 난수들을 원래의 주가지수가 따르는 확률분포의 함수에 대한 근사값을 구하는 것이 몬테칼로방법이다.

제 1 절 몬테 칼로 시뮬레이션의 과정

몬테칼로 방법을 이용하여 옵션가격을 결정하는 과정은 다음과 같이 요약할 수가 있다.

★ 몬테 칼로 시뮬레이션

1 단계. 주가지수 과정에 대한 모델 결정
2 단계. 주가지수 과정 생성
3 단계. 옵션의 Payoff 계산
4 단계. Payoff의 기댓값 추정
5 단계. 옵션 가치 도출

제 2 절 난수생성(Random Number Generation)

난수를 생성하는 과정은 먼저 균등분포를 따르는 난수를 생성하고 다시 이를 적절히 변환하여 정규분포처럼 특정 확률분포를 따르는 난수를 생성하는 것이 일반적이다. 크게 많이 쓰이는 난수를 생성하는 방법에는 Linear Congruential 방법, Inverse Transform 방법, 그리고 가장 많이 쓰이는 Box-Muller 방법과 Box-Muller 방법의 단점을 보완한 Polar-Marsaglia 방법등과 같은 4가지 종류가 있다. 그럼 좀 더 자세히 알아보도록 하자.

2.1 Uniform Distribution을 갖는 난수 생성: Linear Congruential Method

균등분포를 따르는 난수를 생성하는 방법 중에 가장 흔히 쓰이는 다음 식 (9.1)을 이용하는 방법에 대해 알아보자.

$$x_{i+1} \equiv ax_i + c \pmod{m}, \quad i = 0, 1, 2, \cdots . \tag{9.1}$$

여기서 x_i은 자연수이며 a는 승수, c는 증분값, mod m은 정수 m으로 나눈 나머지를 의미한다. x_i의 초기값 x_0와 a, c는 $0 \le x_0, a, c \le m-1$의 범위에 있어야 한다. 위의 난수 추출법은 컴퓨터의 알고리즘에 의해 발생되는 주기를 갖고 반복되는 난수를 형성하게 된다. 즉 난수 발생이 확률적이 아닌 결정적으로 일어난다. 따라서 이러한 난수추출에 의해 발생한 난수는 실제 난수가 아니라 유사난수(Pseudo-random Number)가 된다.

유사난수를 추출함에 있어 주기를 최대한으로 길게 하는 것이 바람직하다. 선형합동발생기가 m과 동일한 주기를 갖게 될 때, x_i은 최대 주기를 갖게 된다. 선형합동법이 최대 주기를 가질 조건은 $c > 0$일때 다음과 같이 정리할 수 있다.

1. c와 m은 서로 소이다.
2. m의 소인수는 $a-1$의 인수이다.
3. 만약 m이 정수 4으로 나누어지면 $a-1$도 4으로 나누어진다.

위의 조건에 의해 모수가 결정되면 x_{i+1}를 구하고 이를 m으로 나누어 U_{i+1}를 얻는다.

$$U_{i+1} = \frac{x_{i+1}}{m}, \quad i = 0, 1, 2, \cdots .$$

다음은 선형합동법이 최대 주기를 가질 조건에 대한 증명이다.

(증명) 여기서 만약 m이 2의 거듭제곱일 경우에는 c가 홀수이고 $a \equiv 1 \pmod{4}$인 두 조건을 만족하면 최대주기 m을 갖는다. 또한 m이 10의 거듭제곱 일 때 c는 2와 5로 나누어지지 않고 $a \equiv 1 \pmod{20}$ 의 두 가지 조건만 필요하다.
$a = 1$ 이고 c와 m이 서로소이면 당연히 주기는 m이 된다. 따라서 앞으로 $a \neq 1$임을 가정하자.
(9.1)을 사용하여 $i = 1, 2, \cdots, n-1$일 때 다음을 쉽게 얻을 수 있다.

$$x_n \equiv a^n x_0 + \frac{(a^n - 1)c}{a-1} \pmod{m}.$$

그리고 우리는 $x_n = x_0$과 같이 가장 작은 n에 관심이 있다. 즉,

$$\frac{(a^n - 1)(x_0(a - 1) + c)}{a-1} \equiv 0 \pmod{m}.$$

정리의 조건에 의해 $x_0(a - 1) + c$는 m과 서로소이다. 따라서 다음과 같은 가장작은 n에 대해 주목하자.

$$\frac{a^n - 1}{a - 1} \equiv 0 \pmod{m}. \tag{9.2}$$

이제 승수a가 정리의 조건을 만족할때 가장 작은 n의 값은 m과 같음을 보이자. 첫째로, α가 양의 정수 이고 p가 홀수인소수 일때 $m = p^\alpha$의 결과를 증명할 것이다. $\alpha = 1$일 때 위 2번의 조건으로부터 $a = 1$일 경우 자명하다. 따라서 $\alpha \geq 2$일 때만 고려하자. a는 정리의 조건을 만족하고 $a \neq 1$이기 때문에 다음과 같이 둘 수 있다.

$$a = 1 + kp^\beta, \tag{9.3}$$

여기서 k는 p와 서로소이고 $k \neq 0$이며, β는 양의정수이다. 식 (9.2)를 만족하는 $n = p^\alpha$를 식 (9.2)의 좌변의 n에 대입하고 식 (9.3)의 a에 대해 테일러 전개를 이용하여 정리하면 다음을 쉽게 얻을 수 있다.

$$\begin{aligned}\frac{a^n - 1}{a - 1} &= p^\alpha + \frac{p^\alpha(p^\alpha - 1)}{1 \cdot 2} kp^\beta \\ &+ \frac{p^\alpha(p^\alpha - 1)(p^\alpha - 2)}{1 \cdot 2 \cdot 3}(kp^\beta)^2 + \cdots + (kp^\beta)^{p^\alpha - 1}.\end{aligned} \tag{9.4}$$

위의 전개식이 p^α로 나누어짐을 보여야 한다. 실제로 위 식의 각 항은 p^α로 나누어 지는데 다음과 같은 j번째 항을 살펴보자.

$$\frac{p^\alpha}{j}\left[\frac{(p^\alpha - 1)(p^\alpha - 2)\cdots(p^\alpha - j + 1)}{1 \cdot 2 \cdots (j - 1)}\right] k^{j-1} p^{(j-1)\beta}, \quad (j > 1)$$

이 항에서 인수 k^{j-1}의 앞부분은 이항계수이므로 이것은 정수이다. 따라서 j번째 항의 분모 각 항은 분자를 나누어 떨어지게 해야한다. 그러나 대괄호 부분 또한 이항계수이고 이것

또한 정수이다. 따라서 분모에서 오직 j만 p^α를 나누어 떨어지게 하는데 j에 대해 살펴보자. $j = p^k$라고 하면 다음이 성립한다.

$$k \le p^{k-1} + p^{k-2} + \cdots = \frac{p^k}{p-1} \le p^k - 1$$

즉, 위의 식을 j에 대해 다시 정리하면 다음과 같다.

$$\frac{j}{p} + \frac{j}{p^2} + \frac{j}{p^3} + \cdots = \frac{j}{p-1}, \tag{9.5}$$

그러므로 j에 나타날 수 있는 p의 횟수는 $j-1$보다 적거나 같다. 그러나 $\beta \ge 1$이기 때문에 j에서 나타나는 p의 횟수는 $p^{(j-1)\beta}$항에 있는 p보다 적다. 그래서 인수 p^α는 j에 의해 나누어 떨어질 필요가 전혀 없다. 식 (9.4)의 우변의 모든 항은 p^α에 의해 나누어 진다. 이것은 적어도 제시된 조건 하에서 식 (9.2)는 $n = p^\alpha$일때 만족함을 의미한다.
우리는 이제 식 (9.2)를 만족시키는 p^α보다 작은 n은 없음을 보여야 한다. 식 (9.2)를 만족시키는 n의 필요충분 조건은 그러한 값의 가장작은 수의 배수 임을 보이는 것은 쉽다. $n = p^\alpha$는 식 (9.2)를 만족시킴을 알고있고 따라서 p의 거듭제곱인 n을 고려해야 한다. 실제로 $n = p^{\alpha-1}$은 식 (9.2)을 만족하지 않음을 보이면 우리의 목적에 충분하다. 식 (9.2)의 좌변에 $n = p^{\alpha-1}$를 대입하고 a에 대해 식 (9.3)의 전개식을 따르면 다음을 쉽게 얻을 수 있다.

$$\begin{aligned}\frac{a^n-1}{a-1} &= p^{\alpha-1} + \frac{p^{\alpha-1}(p^{\alpha-1}-1)}{1\cdot 2}kp^\beta + \frac{p^{\alpha-1}(p^{\alpha-1}-1)(p^{\alpha-1}-2)}{1\cdot 2\cdot 3}(kp^\beta)^2 \\ &\qquad + \cdots + (kp^\beta)^{p^{\alpha-1}-1}.\end{aligned}$$

이 식의 우변이 p^α로 나누어지지 않음을 보일 것이다. 첫번째 항은 자명하게 p^α로 나누어지지 않으므로 각각의 다른 항이 p^α로 나누어짐을 보이면 충분하다. 증명은 위에서 주어진 (9.4)의 j번째 항의 작은 변화를 제외하고는 동일하다. 이항계수에서 나타나는 인수 p^α를 $p^{\alpha-1}$가 대신한다. 이 때 분자에서 또 다른 인수 p가 필요하다. 이것은 p가 홀수라는 가정을 사용하면 식 (9.5)에서 $j-1$ 대신에 $j-2$보다 적거나 같음을 알 수 있고, 그것은 $p^{(j-1)\beta}$에서 찾을 수 있다.

우리는 이제 p가 홀수이고 $m = p^\alpha$일 때 정리의 증명은 완성했다. $m = 2^\alpha$ 일 때의 증명은 아주 조금 다르다. $\alpha = 1$일 경우에는 자명하다. $\alpha \ge 2$경우에는 위의 (9.3)에서와 다른데, 이제 양의정수 β는 1보다 커야한다. 이러한 β에 대한 제약은 다음과 같이 증명의 마지막 문장에서만 필요하다. "또 다른 인수는 $\beta > 1$의 가정을 사용하면 $p^{(j-1)\beta}$에서 찾을 수 있다."

이제 증명은 m이 소수의 거듭제곱의 제약 하에서 완성 되었고, m이 합성수일 경우로 일반화 시키는 것은 비교적 쉽다. 실제로 다음과 같이 간단하게 둘 수 있다.

$$m = p_1^{\alpha_1} p_2^{\alpha_2} \cdots p_s^{\alpha_s}, \quad a = 1 + k p_1^{\beta_1} p_2^{\beta_2} \cdots p_s^{\beta_s},$$

여기서 p_i는 소수, α_i는 양의 정수, $k \neq 0$이고 m과 서로소이며, $\beta_i \geq 1$이다. 또는 만약 $p_i = 2$이면 $\alpha_i \geq 2$, $\beta_i \geq 2$이다. 그러면 증명의 과정은 이 전의 것과 거의 동일하고 이 정리는 일반적인 경우에도 성립한다. □

```
%%%%%%%%%%%%%%%%%%%%%%%%%%%%% uniform_rand1.m %%%%%%%%%%%%%%%%%%%%%%%%%%%%%%
clear all; clc;
a=7; c=1; M=18; n=M+3; k1=zeros(n,2); R=zeros(n+1,1);
U=R; R(1)=1; U(1)=R(1)/M;
fprintf('Iteration  Random integer  Random number \n');
for i=2:n+1
    R(i)=mod(a*R(i-1)+c,M);
    U(i)=R(i)/M;
    fprintf('     %d         %d                 %f \n', ...
        i-1, R(i-1), U(i-1));
end
%%%%%%%%%%%%%%%%%%%%%%%%%%%%%%%%%%%%%%%%%%%%%%%%%%%%%%%%%%%%%%%%%%%%%%%%%%%%%%
```

위의 코드 uniform_rand1.m를 실행한 결과는 다음과 같다.

```
>> uniform_rand1
Iteration  Random integer  Random number
     1         1              0.055556
     2         8              0.444444
     3         3              0.166667
     4         4              0.222222
     5        11              0.611111
     6         6              0.333333
     7         7              0.388889
     8        14              0.777778
     9         9              0.500000
    10        10              0.555556
```

```
11      17          0.944444
12      12          0.666667
13      13          0.722222
14       2          0.111111
15      15          0.833333
16      16          0.888889
17       5          0.277778
18       0          0.000000
19       1          0.055556
20       8          0.444444
21       3          0.166667
```

위 결과에서 알 수 있듯이 최대주기인 $M = 18$을 갖는 유사난수를 생성했다. 19, 20, 그리고 21번째 난수는 각각 1, 2, 그리고 3번째 난수와 같다. 균등분포를 가지는 난수들을 그래프로 나타내면 아래 그림 (9.1)와 같이 나타낼 수 있다. 하지만 MATLAB 코드에서 균등분포를 가지는 난수를 생성하는 코드가 있는 데 그 코드 이름은 'rand()'이다. 아래 그림 (9.2)는 균등분포를 가지는 난수와 'rand()' 명령어를 이용하여 생성된 난수를 비교한 것이다. 그리고 MATLAB 코드를 실행할 때마다 불규칙적인 난수가 계속 생성되는 데 그 이유는 각각의 난수를 생성할 때마다 시작하는 난수(Seed)가 계속적으로 달라지기 때문이다. 그렇게 되면 나중에 몬테칼로 방법을 시뮬레이션할 때 실행할 때마다 값들이 계속 달라지기 때문에 정확하게 비교하고 옵션 가격을 책정할 수가 없다. 그럼 초기 난수(Seed)를 항상 고정시켜야 하는 데 MATLAB에서는 그 초기 난수를 고정시켜주는 명령어가 있다.

- `rand('state',n)`
  균등분포를 따르는 난수의 초기 난수를 지정한다. $n = 10$을 넣으면 난수가 생성되는 초기 난수가 10이 된다.

- `randn('stats',n)`
  정규분포를 따르는 난수의 초기 난수를 지정한다.

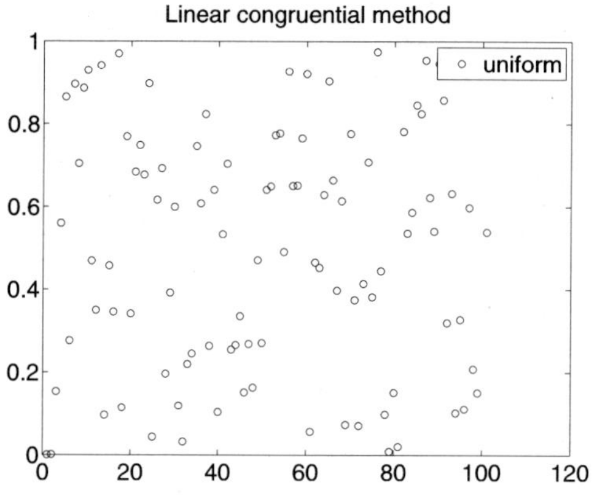

그림 9.1: 균등분포를 가지는 난수

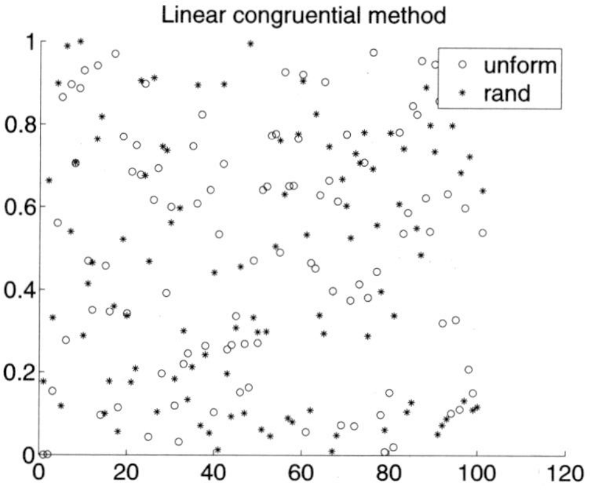

그림 9.2: 균등분포를 가지는 난수와 MATLAB 코드생성 난수와의 비교

2.2 Non-uniform Distribution을 갖는 난수 생성하는 방법: Inverse Transform Method

확률밀도 함수 $f(x) = e^{-x}\chi_{[0,\infty)}(x)$에 대해서 확률분포함수는 다음과 같이 구할 수 있다.

$$F(x) = \int_0^x f(t)dt = \int_0^x e^{-t}dt = 1 - e^{-x}. \tag{9.6}$$

따라서 $F(x)$의 역함수는 $F^{-1}(u) = -\ln(1-u)$ 로 주어진다. 여기서 $\chi_E(x)$ 함수는 다음과 같이 정의된다.

$$\chi_E(x) = \begin{cases} 1 & \text{if } \ x \in E. \\ 0 & \text{otherwise.} \end{cases}$$

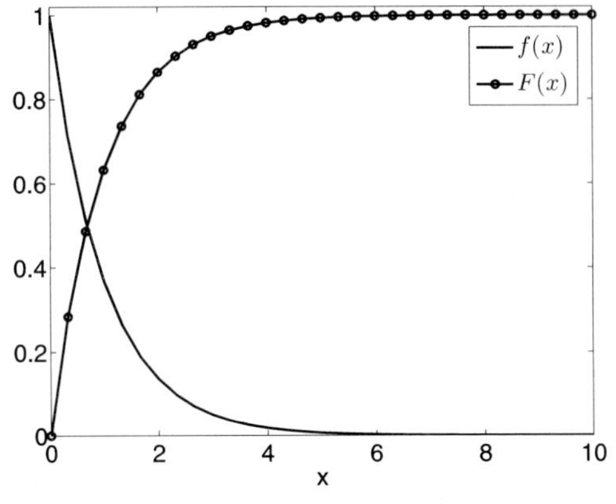

그림 9.3: 확률밀도 함수 $f(x) = e^{-x}\chi_{[0,\infty)}(x)$의 확률분포함수와 누적분포함수

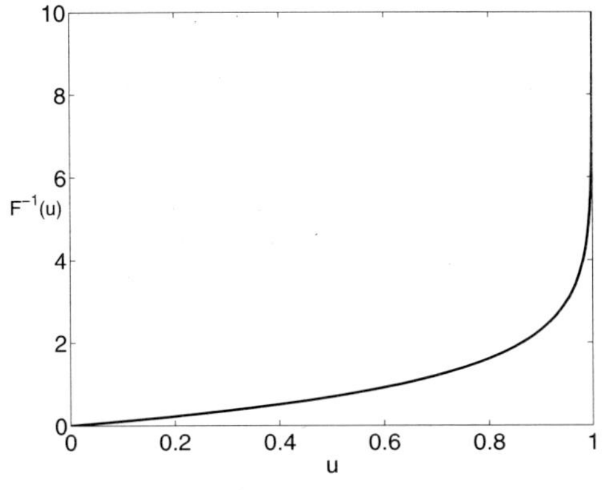

그림 9.4: 확률밀도 함수 $f(x) = e^{-x}\chi_{[0,\infty)}(x)$의 역함수, $F^{-1}(u) = -\ln(1-u)$

확률밀도 함수 $f(x) = \frac{1}{2\pi}\chi_{[0,2\pi)}(x)$에 대해서 확률분포함수는 다음과 같이 구할 수 있다.

$$F(x) = \int_0^x f(t)dt = \int_0^x \frac{1}{2\pi}dt = \frac{x}{2\pi}. \tag{9.7}$$

따라서 $F(x)$의 역함수는 $F^{-1}(u) = 2\pi u$ 로 주어진다. 그러면 F^{-1}를 새로운 변수 X로 지정한 다음 Linear Congruential Method를 이용하여 난수를 생성하면 된다. 그럼 보다 정확한 이해를 돕기 위해 다음 예제를 풀어보자.

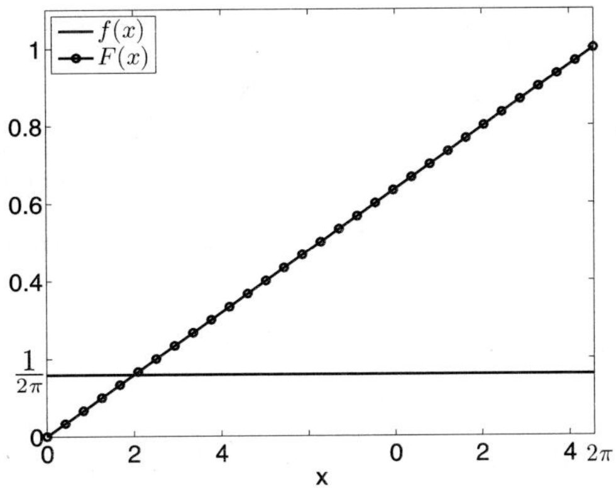

그림 9.5: 확률밀도 함수 $f(x) = \frac{1}{2\pi}\chi_{[0,2\pi)}(x)$의 확률분포함수와 누적분포함수

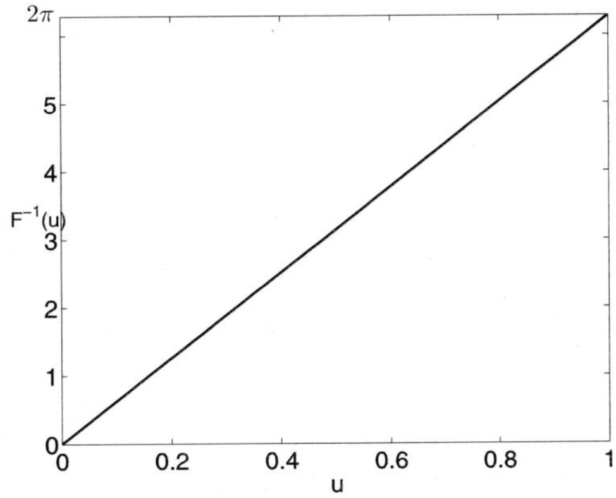

그림 9.6: 확률밀도 함수 $f(x) = \frac{1}{2\pi}\chi_{[0,2\pi)}(x)$의 역함수, $F^{-1}(u) = 2\pi u$

예제

다음 X는 $\lambda > 0$를 가진 지수분포를 따르는 확률변수라 하고, 그 확률밀도함수를 $f(x) = \lambda e^{\lambda t}$ $(\lambda,\, t > 0)$라 하자. 그리고 누적확률밀도함수를

$$F_X = \int_0^x f(t)dt = \begin{cases} 1 - e^{-\lambda x} & \text{if } \ x \geq 0 \\ 0 & \text{otherwise} \end{cases}$$

일 때, Inverse Transform Method를 이용하여 난수를 MATLAB 코드를 이용하여 생성하라.

(풀이) 누적확률밀도함수 $x \geq 0$에서 $F_X(x) = 1 - e^{-\lambda x}$를 변수 u로 잡는다. 즉,

$$u = 1 - e^{-\lambda x}$$

여기서 이 함수의 역함수를 구하면 $F_X^{-1}(u) = -\frac{1}{\lambda}\ln(1-u)$ 이 역함수를 우리가 계산하고자 하는 Inverse Transform Method의 변수 X로 잡고 Linear Congruential Method를 이용하여 구하면 된다.

아래 MATLAB 코드는 Inverse Transform Method를 이용하여 난수를 생성한 MATLAB 코드이다.

```
%%%%%%%%%%%%%%%%%%%%%%%% Inverse transform method %%%%%%%%%%%%%%%%%%%%%%%%%%%
clear all; clc; clf;
a=7^5; c=0; m=2^31-1; N=100;
x=zeros(N+1,1); x(1)=100; y(1)=200; u1(1)=x(1)/m;
lambda=2; N=100;
for i=1:N
    x(i+1)=mod(a*x(i)+c, m);
    u1(i+1)=x(i+1)/m;          % generating uniform random
                               % applying exp.prob.fun
    x_new(i+1)= -(1/lambda)*log(1-u1(i+1));
end
plot(x_new,'o')
legend('ITM'); title('Inverse Transform method')
%%%%%%%%%%%%%%%%%%%%%%%%%%%%%%%%%%%%%%%%%%%%%%%%%%%%%%%%%%%%%%%%%%%%%%%%%%%%%
```

그림 9.7는 Inverse Transform Method를 이용하여 생성한 난수를 그래프로 나타낸 것이다.

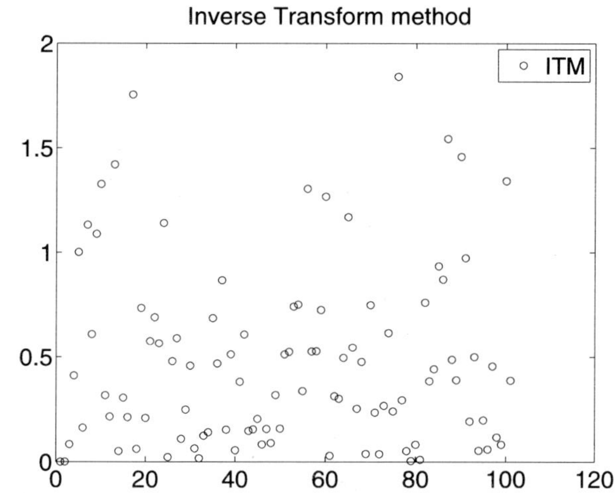

그림 9.7: Inverse Transform Method를 이용한 난수 생성

2.3 정규분포를 따르는 난수 생성하는 방법: Box-Muller Method

확률벡터 (x, y)가 2변량 표준정규분포를 따르면, 결합확률밀도함수 (Joint Probability Density Function)와 결합확률분포함수 (Joint Probability Distribution Function)는 각각 다음과 같다.

$$\begin{aligned} f(x,y) &= \frac{1}{2\pi}e^{-\frac{x^2+y^2}{2}} \\ F(x,y) &= \int_{-\infty}^{y}\int_{-\infty}^{x} f(u,v)dudv \end{aligned}$$

극좌표(polar coordinate), 일양분포의 역함수법, 그리고 지수분포의 역함수법을 조합해서, 정사각형 $[0,1]\times[0,1]$에서 일양분포하는 점열로부터 2변량 표준정규분포를 따르는 점열을 구할 수 있다. 다음과 같은 극좌표들로 정규확률벡터 (x, y)를 변환시키자 (그림 9.8 참고).

$$\Omega_{xy} = \{(u,v) : -\infty < u < x, \ -\infty < v < y\}, \tag{9.8}$$

$$\Omega_{r\theta} = \{(r,\theta) : r = \sqrt{x^2+y^2}, \ \theta = \tan^{-1}\frac{y}{x}, \ (x,y)\in\Omega_{xy}\} \tag{9.9}$$

$$x = r\cos\theta, \quad y = r\sin\theta$$

여기서 r과 θ는 다음식을 이용해서 구할 수 있다.

$$r = r(x,y) = \sqrt{x^2+y^2}, \quad \theta = \theta(x,y) = \tan^{-1}\frac{y}{x}$$

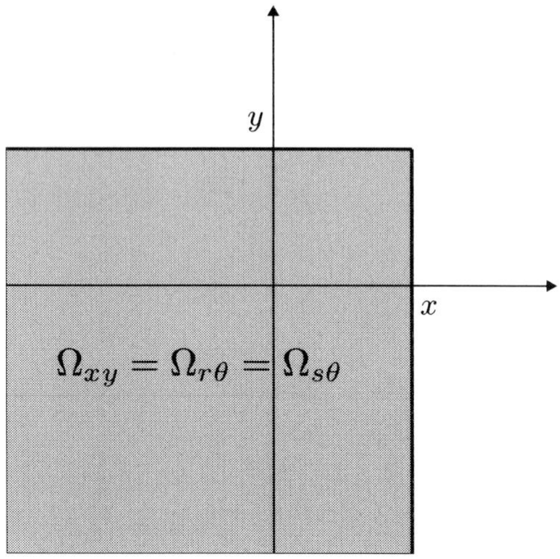

그림 9.8: 결합확률 분포함수를 계산하는 영역

또한, 이 극좌표변환에 의한 Jacobian은 다음과 같다.

$$dxdy = Jdrd\theta$$

$$J := \left|\frac{\partial(x,y)}{\partial(r,\theta)}\right| = \begin{vmatrix} \frac{\partial x}{\partial r} & \frac{\partial y}{\partial r} \\ \frac{\partial x}{\partial \theta} & \frac{\partial y}{\partial \theta} \end{vmatrix} = \begin{vmatrix} \cos\theta & \sin\theta \\ -r\sin\theta & r\cos\theta \end{vmatrix} = r$$

$$\begin{aligned} F(x,y) &= \int\int_{\Omega_{xy}} f(u,v)dudv = \int\int_{\Omega_{xy}} \frac{1}{2\pi}e^{-\frac{u^2+v^2}{2}}dudv \\ &= \int\int_{\Omega_{r\theta}} \frac{1}{2\pi}e^{-\frac{r^2}{2}}rdrd\theta = \int\int_{\Omega_{r\theta}} f(r,\theta)drd\theta \end{aligned}$$

따라서, 2변량 표준정규분포의 확률밀도함수 $f(r,\theta)$는 다음과 같다.

$$f(r,\theta) = \frac{1}{2\pi}re^{-\frac{1}{2}r^2}\chi_{[0,\infty)\times[0,2\pi]}(r,\theta) \tag{9.10}$$

$$= re^{-\frac{1}{2}r^2}\chi_{[0,\infty)}(r)\frac{1}{2\pi}\chi_{[0,2\pi]}(\theta) \tag{9.11}$$

또한, 변수변환 $s = r^2/2$에 의해서, 위의 식을 다음과 같이 쓸 수 있다.

$$\begin{aligned} F(x,y) &= \iint_{\Omega_{r\theta}} \frac{1}{2\pi} e^{-\frac{r^2}{2}} r dr d\theta = \iint_{\Omega_{s\theta}} \frac{1}{2\pi} e^{-s} ds d\theta \\ &= \iint_{\Omega_{s\theta}} f(s,\theta) ds d\theta \end{aligned}$$

여기서

$$f(s,\theta) = e^{-s}\chi_{[0,\infty)}(s)\frac{1}{2\pi}\chi_{[0,2\pi]}(\theta) \tag{9.12}$$

즉, 확률변수 s는 지수분포 $e^{-s}\chi_{[0,\infty)}(s)$을 따르고, 확률변수 θ는 균등분포 $\frac{1}{2\pi}\chi_{[0,2\pi]}(\theta)$를 따르며, 확률변수 s와 확률변수 θ는 서로 독립이다. 확률벡터 (u,v)가 정사각형 $[0,1]\times[0,1]$에서 균등분포한다고 하고, 다음 식들을 정의하자.

$$s := -\log(1-u), \quad r = \sqrt{2s} = \sqrt{-2\log(1-u)}, \quad \theta := 2\pi v$$

따라서, 이들의 결합확률밀도함수 $f(s,\theta)$는 식 (9.12)을 만족한다. 즉, 결합확률밀도함수 $f(r,\theta)$는 식 (9.10)를 만족하고, 또한 2변량 확률벡터 (r,θ)는 극좌표로 나타낸 표준정규확률벡터이다. 지금까지의 내용을 정리하면 다음과 같다. 서로 독립이며 구간 $[0,1]$에서 균등분포하는 확률변수 u와 v에 대해서, 다음과 같이 확률변수 x와 y를 정의하자.

$$\begin{aligned} x &= \sqrt{-2\log(1-u)}\cos(2\pi v), \\ y &= \sqrt{-2\log(1-u)}\sin(2\pi v). \end{aligned}$$

이 확률변수 x와 y는 서로 독립이며 또한 표준정규분포를 따른다. 위의 변환방법을 Box-Muller 변환이라 하고, 이를 이용하면, 2변량 균등분포를 따르는 확률벡터 (u,v)로부터 2변량 정규확률벡터 (x,y)를 구할 수 있다. `box_muller.m`은 Box-Muller의 방법으로 표준정규분포를 따르는 난수를 생성하는 MATLAB 코드이다.

```
%%%%%%%%%%%%%%%%%%%%%%%%%%%%%%% box_muller.m %%%%%%%%%%%%%%%%%%%%%%%%%%%%%%%%%%%
clear; clc; clf; N=10000; U1=rand(N,1); U2=rand(N,1);
Z1=sqrt(-2*log(U1)).*cos(2*pi*U2);
Z2=sqrt(-2*log(U1)).*sin(2*pi*U2);
[y1 x1] = hist(Z1,100);
h1 = x1(2)-x1(1); a1 = 1/(sum(y1)*h1);
plot(x1, a1*y1,'k*','linewidth',1); hold on
```

```
[y2 x2] = hist(Z2,100);
h2 = x2(2)-x2(1); a2 = 1/(sum(y2)*h2);
plot(x2, a2*y2,'ko','linewidth',1);
plot(x1, exp(-0.5*x1.^2)/sqrt(2*pi),'k-','linewidth',2);
legend('Z1','Z2','pdf');
xlabel('random number','fontsize',15);
ylabel('Prob.density','fontsize',15);
axis([min(x1) max(x1) 0 0.5])
set(gca,'fontsize',15)
%%%%%%%%%%%%%%%%%%%%%%%%%%%%%%%%%%%%%%%%%%%%%%%%%%%%%%%%%%%%%%%%%%%%%%%%%%%%%%
```

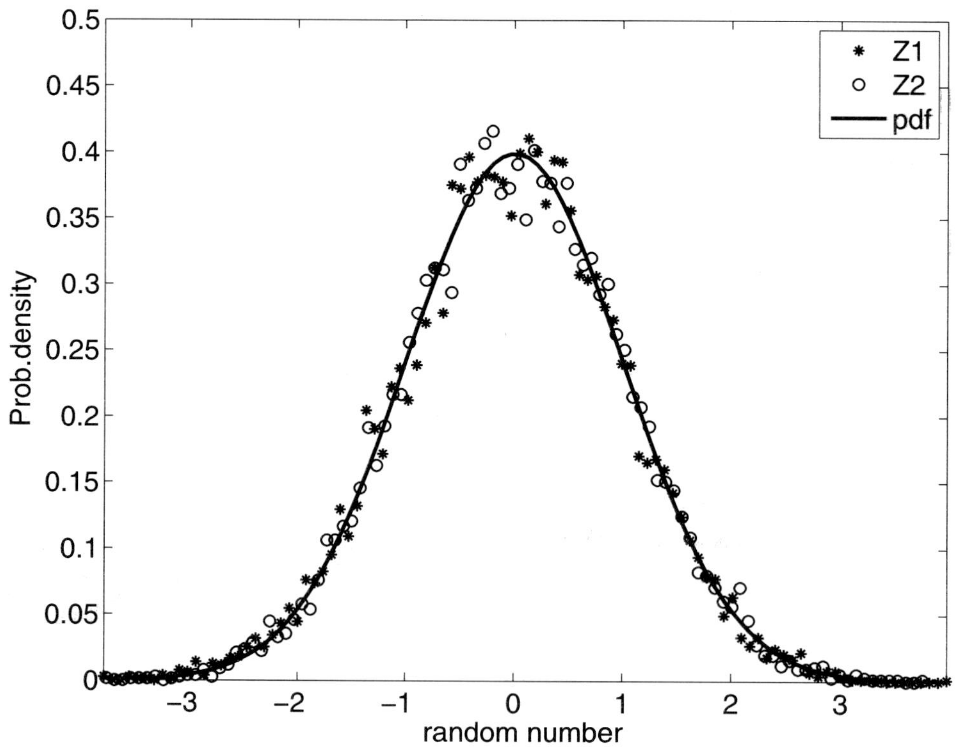

그림 9.9: Box-Muller에 의해 생성된 난수의 확률밀도분포와 확률밀도함수

2.4 Polar-Marsaglia 방법

박스-뮬러(Box-Muller) 방법은 정규분포를 난수로 생성하는 가장 좋은 방법이다. 하지만 박스-뮬러 방법을 계산하는 데 있어 삼각함수 값을 사용을 한다. 하지만 삼각함수의 값을 계산하면서 난수를 생성하는 과정에서는 시간이 좀 오래걸리는 단점이 있다. 그러한 단점을 보완하기 위해 만든 방법이 Polar-Marsaglia 방법이다.

Polar-Marsaglia 방법은 균등분포 $U(0,1)$을 따르는 독립적인 확률변수 U_1, U_2에 대하여 새로운 확률변수 V_1, V_2를

$$V_1 = 2U_1 - 1, V_2 = 2U_2 - 1$$

라 하자. 그러면 새롭게 지정된 확률변수 V_1, V_2는 균등분포 $U(-1,1)$을 따르게 되는 것을 알 수가 있다. 또한 순서쌍 (V_1, V_2)는 좌표평면에서 점으로 표현을 하게 되면 그림 (9.10)와 같이 반지름의 길이가 1인 단위원으로 나타낼 수 있다.

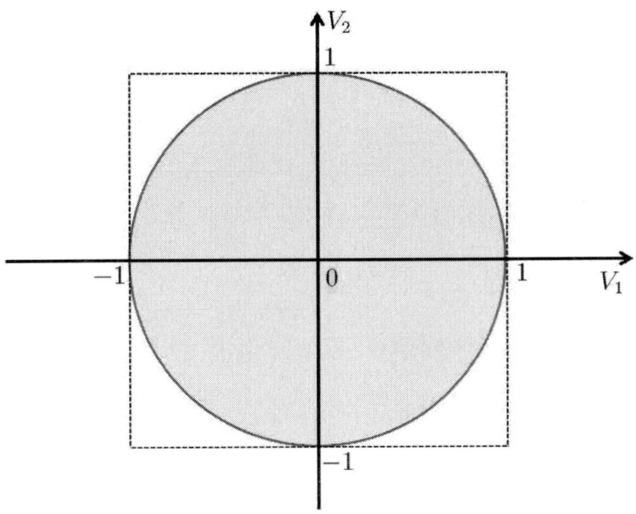

그림 9.10: (W_1, W_2)를 좌표평면으로 나타낸 그림

그러면 균등분포 $U \sim (0,1)$을 따르고 V_1, V_2로 구성된 확률변수 W와 또다른 균등분포 $U \sim (0, 2\pi)$를 따르는 확률변수 θ를 다음(2.4)과 같이 나타낼 수 있다.

$$W = V_1^2 + V_2^2 \leq 1, \theta = \arctan(\frac{V_2}{V_1}) \tag{9.13}$$

위의 식(2.4)을 이용하여 $\sin\theta$, $\cos\theta$를 다음과 같이 나타낼 수가 있다.

$$\cos\theta = \frac{V_1}{\sqrt{W}}, \sin\theta = \frac{V_2}{\sqrt{W}}$$

그럼 이제 Polar-Marsaglia 방법을 이용하기 위해 박스-뮬러 방법에 대입하여 정리하면

$$x_1 = V_1\sqrt{\frac{-2\ln W}{W}}, x_2 = V_2\sqrt{\frac{-2\ln W}{W}}$$

으로 나타낼 수 있다. 그런데 왜 Polar-Marsaglia 방법의 큰 단점이 있다. 그것은 바로 우리가 구하고 싶은 난수의 범위는 $-1 \le x \le 1$, $-1 \le y \le 1$인 반면에 Polar-Marsaglia 방법은 반지름의 길이가 1인 원 안에서만 난수를 생성하기 때문에 Box-Muller 방법보다는 정확성이 떨어진다는 것(ratio는 0.78정도)을 알 수 있지만 시간적인 측면에서는 많은 장점이 있기 때문에 Polar-Marsaglia 방법을 많이 쓰게 된다.

다음 코드는 Polar-Marsaglia 방법을 이용하여 난수를 생성하는 MATLAB 코드이다.

```
%%%%%%%%%%%%%%%%%%%%%%%%% Polar-Marsaglia Method %%%%%%%%%%%%%%%%%%%%%%%%%%
clear all; clc;
rand('state',100); N=100;
% generating randon variable with uniform dist
u1=rand(N,1); u2=rand(N,1);
% setting r.v: v1, v2
v1=2*u1-ones(N,1); v2=2*u2-ones(N,1);
W=v1.^2+v2.^2;
% find element of W<1
I=find(W<1);
V=W(I);
% using polar-marsaglia method
x1=v1(I).*sqrt(-2*log(V)./V); x2=v2(I).*sqrt(-2*log(V)./V);
set(gca,'fontsize',20)
figure(1); hist(x1,100)
legend('x1 histogram'); title('Polar-Marsaglia Method')
xlabel('Random number'); ylabel('Probability')
figure(2); hist(x2,100)
set(gca,'fontsize',20)
```

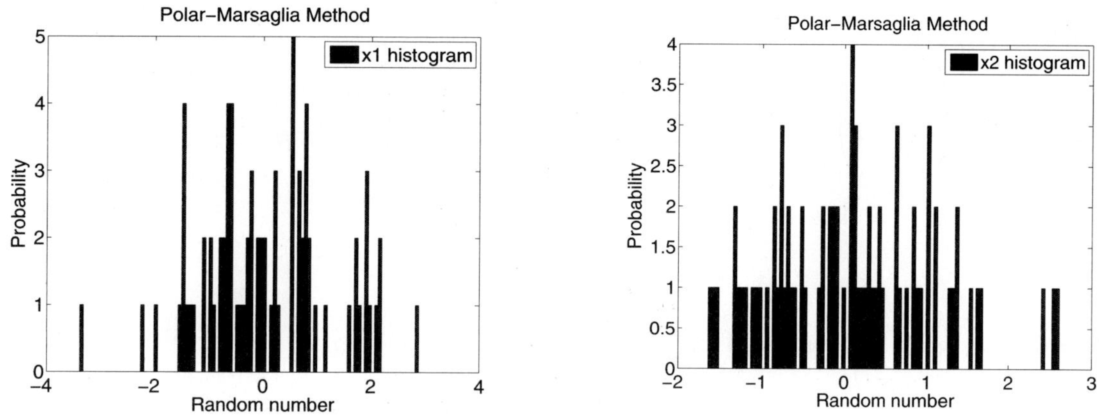

그림 9.11: x_1, x_2 난수의 히스토그램

```
legend('x2 histogram'); title('Polar-Marsaglia Method')
xlabel('Random number'); ylabel('Probability')
%%%%%%%%%%%%%%%%%%%%%%%%%%%%%%%%%%%%%%%%%%%%%%%%%%%%%%%%%%%%%%%%%%%%%%%
```

다음 그림(9.11)는 Polar-Marsaglia로 만들어진 난수를 히스토그램으로 나타낸 그래프이다.

2.5 복수의 기초자산을 가진 옵션의 가치 계산

앞에서 살펴본 Box-Muller 방법은 두 개 이상의 기초자산이 서로 상관관계를 갖고 있을 경우 난수를 생성하기에는 부적합하다. 이때에는 촐레스키 분해를 이용하여 기초자산간의 상관관계를 고려한 난수를 생성할 수 있다.

2.6 촐레스키 분해(Cholesky decomposition)

대칭양정치 행렬(symetric positive definite matrix)은 LU 분해의 특수한 예인 촐레스키 분해를 적용할 수 있다. 대칭양정치행렬이란 대칭 행렬 A가 $\mathbf{0}$이 아닌 벡터 x에 대하여 $x^T Ax > 0$인 행렬을 의미한다. 즉 행렬 A에 대한 고유값(eigenvalue)이 모두 양수인 행렬을 양정치행렬이라 한다. 2×2 대칭양정치 행렬 A 의 예를 들어 생각해보자.

행렬 A가 대칭양정치 행렬이라면 $A = LL^T$인 하삼각행렬 L과 상삼각행렬 L^T의 곱으로 나타낼 수 있다. 먼저, 하삼각행렬인 L을 구하기 위해 행렬 A를 L과 L^T의 행렬 곱으로 나타내보자.

$$A = \begin{pmatrix} a & b \\ b & c \end{pmatrix} = LL^T = \begin{pmatrix} \alpha & 0 \\ \beta & \gamma \end{pmatrix} \begin{pmatrix} \alpha & \beta \\ 0 & \gamma \end{pmatrix} = \begin{pmatrix} \alpha^2 & \alpha\beta \\ \alpha\beta & \beta^2 + \gamma^2 \end{pmatrix}$$

각각의 원소들을 비교하면

$$\alpha^2 = a, \quad \alpha\beta = b, \quad \beta^2 + \gamma^2 = c$$

을 얻게 되고, 이를 다시 정리하면 다음의 결과를 얻을 수 있다.

$$\alpha = \sqrt{a}, \quad \beta = \frac{b}{\sqrt{a}}, \quad \gamma = \sqrt{c - \frac{b^2}{a}}$$

따라서,

$$L = \begin{pmatrix} \sqrt{a} & 0 \\ \frac{b}{\sqrt{a}} & \sqrt{c - \frac{b^2}{a}} \end{pmatrix}$$

이다.

2.7 기초자산간 상관관계를 반영한 난수생성

기초자산간 상관관계가 반영된 난수를 생성하기 위해서 먼저 앞서 살펴본 대로 Box-Muller 방법을 이용해서 아직 상관관계가 반영되지 않은 난수열을 생성한다. 그리고 2개 이상의 기초자산에 대한 상관계수 행렬을 촐레스키분해하여 상삼각행렬과 하삼각행렬의 곱으로 나타낸다. 그리고 앞서 구한 난수벡터에 하삼각 행렬 곱하여 상관관계가 반영된 난수를 구한다.

예로 기초자산이 2개인 경우를 생각해보자. 우선 표준정규분포를 따르는 난수 ϕ_1과 ϕ_2를 만들어보자. 상관계수가 ρ인 상관계수 행렬을 A라고 하자.

$$A = \begin{pmatrix} 1 & \rho \\ \rho & 1 \end{pmatrix}$$

행렬 A를 촐레스키 분해하면 다음과 같다.

$$A = LL^T = \begin{pmatrix} 1 & 0 \\ \rho & \sqrt{1-\rho^2} \end{pmatrix} \begin{pmatrix} 1 & \rho \\ 0 & \sqrt{1-\rho^2} \end{pmatrix}$$

분해 된 행렬 L을 이용하여 상관계수가 반영된 난수 ϕ_1^*와 ϕ_2^*로 전환하면 다음과 같다.

$$\begin{aligned} \begin{pmatrix} \phi_1^* \\ \phi_2^* \end{pmatrix} &= L\begin{pmatrix} \phi_1 \\ \phi_2 \end{pmatrix} = \begin{pmatrix} 1 & 0 \\ \rho & \sqrt{1-\rho^2} \end{pmatrix}\begin{pmatrix} \phi_1 \\ \phi_2 \end{pmatrix} \\ &= \begin{pmatrix} \phi_1 \\ \phi_1\rho + \phi_2\sqrt{1-\rho^2} \end{pmatrix} \end{aligned} \tag{9.14}$$

그렇다면 왜 식 (9.14)과 같은 방식으로 계산을 하면 두 난수가 상관계수 ρ를 갖는 난수로 변하게 되는 것일까? 이는 간단하게 확인해볼 수 있다.

ϕ_1, ϕ_2 $\sim$ $N(0,1)$의 성질을 가지고 있으며 위의 행렬에 따라 다음이 성립함을 확인할 수 있다.

$$\begin{aligned} \phi_1^* &= \phi_1, \\ \phi_2^* &= \phi_1\rho + \phi_2\sqrt{1-\rho^2} \end{aligned}$$

이제 두 난수 ϕ_1^*, ϕ_2^*에 대하여 다음을 계산해 보자.

$$\begin{aligned} E[\phi_1^*] &= E[\phi_1] = 0, \\ E[\phi_2^*] &= E[\phi_1\rho + \phi_2\sqrt{1-\rho^2}] = \rho E[\phi_1] + \sqrt{1-\rho^2}E[\phi_2] = 0, \\ Var[\phi_1^*] &= Var[\phi_1] = 1, \\ Var[\phi_2^*] &= Var[\phi_1\rho + \phi_2\sqrt{1-\rho^2}] \\ &= E[(\phi_1\rho + \phi_2\sqrt{1-\rho^2})^2] - E[\phi_1\rho + \phi_2\sqrt{1-\rho^2}]^2 \\ &= \rho^2 + 1 - \rho^2 = 1. \end{aligned}$$

두 확률변수 X와 Y의 공분산(Covariance)는 다음과 같이 정의된다.

$$\begin{aligned} Cov[X,Y] &= E[(X - E[X])(Y - E[Y])] \\ &= E[XY - E[Y]X - E[X]Y + E[X]E[Y]] \\ &= E[XY] - E[Y]E[X] - E[X]E[Y] + E[X]E[Y] \\ &= E[XY] - E[X]E[Y] \end{aligned}$$

여기서, 독립인 확률변수들의 공분산은 0임을 알 수 있다. 상수 a에 대해서 다음 성질이 성립함을 알 수 있다.

$$\begin{aligned}
Cov[X,Y] &= Cov[Y,X] \\
Cov[X,X] &= Var[X] \\
Cov[aX,Y] &= aCov[Y,X] \\
Cov[X_1+X_2,Y] &= E[(X_1+X_2)Y]-E[X_1+X_2]E[Y] \\
&= E[X_1Y+X_2Y]-(E[X_1]+E[X_2])E[Y] \\
&= E[X_1Y]+E[X_2Y]-E[X_1]E[Y]-E[X_2]E[Y] \\
&= Cov[X_1,Y]+Cov[X_2,Y]
\end{aligned}$$

두 난수 사이에 분산을 이용하여 공분산을 구하면 다음과 같다.

$$\begin{aligned}
Cov[\phi_1^*,\phi_2^*] &= Cov[\phi_1,\phi_1\rho+\phi_2\sqrt{1-\rho^2}] \\
&= Cov[\phi_1,\phi_1\rho]+Cov[\phi_1,\phi_2\sqrt{1-\rho^2}] \\
&= \rho Cov[\phi_1,\phi_1]+\sqrt{1-\rho^2}Cov[\phi_1,\phi_2] \\
&= \rho.
\end{aligned}$$

이제 다음과 같이 정의되는 상관계수(Correlation)을 구해보자.

$$Corr[\phi_1^*,\phi_2^*]=\frac{Cov[\phi_1^*,\phi_2^*]}{\sqrt{Var[\phi_1^*]}\sqrt{Var[\phi_2^*]}}=\rho.$$

제 3 절 주가 경로(Stock Process) 시뮬레이션

몬테칼로 시뮬레이션(Monte Carlo Simulation, MC)이란 상품의 가치에 영향을 주는 변수들 간의 관계를 모형화하여 해당변수들의 미래의 값을 예측하고 이에 따라 상품의 가치를 평가하는 방법이다. 이 때 예측하고자 하는 변수들에 대해서 특정한 분포를 가정하게 되며, 해당분포를 따르는 난수를 반복적으로 발생시켜 변수의 미래 값을 예측하게 된다.

MC를 이용해서 파생상품의 가격을 결정하는 첫 단계는 기초자산의 확률과정을 모형화하는 것이다. 기초자산인 지수의 확률과정이 GBM을 따른다고 하자. 그러면 지수의 변화는 다음의 식으로 나타낼 수 있다.

$$\frac{dS}{S}=\mu dt+\sigma dX$$

위험중립원칙 하에서 μ를 무위험이자율 r로 대체하자.

$$\frac{dS}{S}=rdt+\sigma dX$$

주가에 자연로그를 취한 $\log S$의 확률과정에 이토의 렘마를 적용하면

$$d\log S = \left(r - \frac{\sigma^2}{2}\right) dt + \sigma\sqrt{dt}\phi, \qquad \phi \sim N(0,1)$$

을 얻고 이를 이산모형으로 변환하면 다음을 얻는다.

$$\begin{aligned}\log S(t+\Delta t) - \log S(t) &= \log\left(\frac{S_{t+\Delta t}}{S_t}\right) = \left(r - \frac{1}{2}\sigma^2\right)\Delta t + \sigma\phi\sqrt{\Delta t}, \\ S_{t+\Delta t} &= S_t \exp\left[\left(r - \frac{1}{2}\sigma^2\right)\Delta t + \sigma\phi\sqrt{\Delta t}\right]\end{aligned}$$

모수들 $S(t)$, r, σ, Δt가 주어지고 표준정규 분포를 갖는 난수 ϕ를 생성하면 $S(t+\Delta t)$를 구할 수 있다. `stock_process.m`는 지수과정을 구하는 MATLAB 코드이다.

```
%%%%%%%%%%%%%%%%%%%%%%%%%% stock_process.m %%%%%%%%%%%%%%%%%%%%%%%%%%%%
clear; S(1)=100; r=0.03; vol=0.3; T=1; N=100; dt=T/N;
t=linspace(0,T,N+1); w=randn(1,N);
for i=2:N+1,
    S(i)=S(i-1)*exp((r-1/2*vol^2)*dt+vol*w(i-1)*sqrt(dt));
end
plot(t,S,'*-'); xlabel('Time'); ylabel('Stock Price');
%%%%%%%%%%%%%%%%%%%%%%%%%%%%%%%%%%%%%%%%%%%%%%%%%%%%%%%%%%%%%%%%%%%%%%%
```

그림 9.12 은 위의 `stock_process.m` MATLAB 코드를 실행한 결과를 나타낸 것이다.
그림 9.13 은 지수 프로세스 100개를 실행한 결과를 나타낸 것이다.

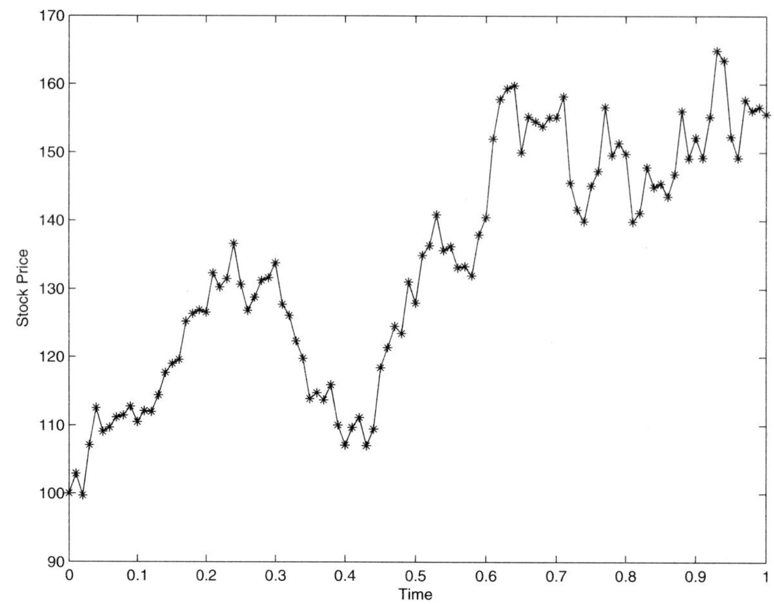

그림 9.12: GBM으로부터 지수 과정 생성

제 4 절 옵션의 payoff 계산

초기 주가지수 S_0가 주어질 때 앞의 과정을 초기시점과 만기시점 사이의 구간 $[0, T]$에 반복적으로 수행하면 만기시의 주가지수 S_T를 시뮬레이션할 수 있다. 예를 들어 한번 시행할 때마다 유럽형 콜옵션의 만기 payoff $f_T = Max(S_T - E, 0)$을 구하고 주가지수과정을 생성하는 과정을 반복할 때마다 시뮬레이션 횟수만큼 Payoff 값들을 얻을 수 있다.

제 5 절 payoff 들의 기댓값 추정

앞 절에서 구한 payoff들을 위험중립확률 Q를 이용하여 만기시의 기댓값을 추정한다. 시뮬레이션을 통해 얻어진 payoff들의 총합을 시뮬레이션 횟수 N으로 나누면 옵션의 기댓값을 구할 수 있다. 유럽형 콜옵션의 만기시의 기댓값은 다음과 같다.

$$E_Q(f_T) = \frac{1}{N}\sum_{i=1}^{N} Max(S_{T,i} - E, 0)$$

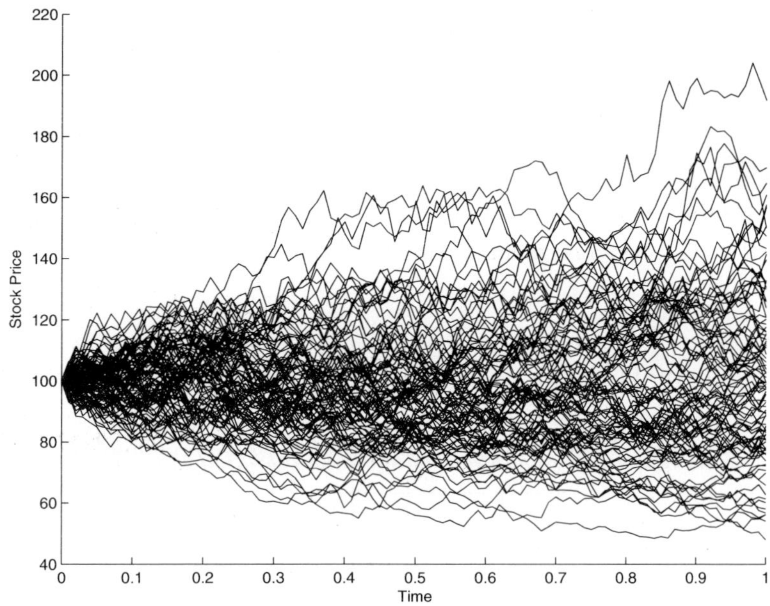

그림 9.13: 100개의 지수 과정 생성

제 6 절 옵션가치 도출

기댓값을 무위험이자율로 할인하여 옵션가치를 도출한다. 유럽형 콜옵션의 가치는 다음과 같다.

$$f_0 = e^{-rT}[E_Q(f_T)] \quad = \quad e^{-rT}\left[\frac{1}{N}\sum_{i=1}^{N} Max(S_{T,i} - E, 0)\right]$$

제 7 절 수치 분석

파생상품 가격 결정은 먼저 MC에 의해 생성된 경로들(paths)에 따라 해당 파생상품의 payoffs를 계산하고 이에 대한 기댓값을 구하여 무위험 이자율로 할인하게 되면 파생상품 가격이 도출된다. `MC_call.m`는 유럽형 콜옵션을 MC를 이용하여 도출하는 MATLAB 코드이다.

```
%%%%%%%%%%%%%%%%%%%%%%%%%%%%% MC_call.m %%%%%%%%%%%%%%%%%%%%%%%%%%%%%%%%%%
clear; S=100; E=100; r=0.05; T=0.5; vol=0.3; M=100000;
n=1; dt=T/n;
```

```
SP(1:M,1:n+1) = 0; SP(:,1) = S;
randn('state',100);
for i = 1:M
    for steps = 2:n+1
       SP(i,steps) = SP(i,steps-1)*exp((r-vol^2/2)*dt ...
                     + vol*randn(1)*sqrt(dt));
    end
end
payoff = max(SP(:,n+1)-E,0);
Price = exp(-r*T)*sum(payoff)/M
%%%%%%%%%%%%%%%%%%%%%%%%%%%%%%%%%%%%%%%%%%%%%%%%%%%%%%%%%%%%%%%%%%%%%%%%
```

위의 MC_call.m는 $n = 1$인 경우에 옵션가격을 도출하는 코드이다. 결과는 다음과 같이 나온다.

```
Price = 9.5949
```

코드에서 $n = 10$으로 수정하고 프로그램을 실행하면 결과는 다음과 같이 나온다.

```
Price = 9.3821
```

난수를 뽑아 계산하므로 매번 시행마다 Price는 다른 결과를 얻게 되지만, 비슷한 결과를 얻게 된다는 사실을 알 수 있다. 위에서 몬테칼로 시뮬레이션 실행시 MATLAB 코드에 나와 있는 $n = 1$로 두고 하는 이유는 무엇일까? 정규분포($N(0,1)$)를 따르는 난수 ϕ_i $(1 \le i \le n)$가 있다고 가정했을 때,

$$\sum_{i=1}^{n} \sqrt{\Delta t}\phi_i = \phi_1\sqrt{\Delta t} + \cdots + \phi_n\sqrt{\Delta t} = \phi\sqrt{n\Delta t} \tag{9.15}$$

이 성립하기 때문이다. 즉, 전체 시간을 n개로 나누어 여러 번에 걸쳐 계산한 다음 합산한 것이나 전체 시간을 한 번에 계산하는 것이 확률적으로 동일한 값을 갖는다는 것이다.

$$\begin{aligned} E[\sum_{i=1}^{n} \sqrt{\Delta t}\phi_i] &= \sum_{i=1}^{n} \sqrt{\Delta t}E[\phi_i] = 0 \\ Var[\sum_{i=1}^{n} \sqrt{\Delta t}\phi_i] &= \sum_{i=1}^{n} \Delta t Var[\phi_i] = \sum_{i=1}^{n} \Delta t = n\Delta t \end{aligned}$$

따라서, 다음이 성립함을 확인할 수 있다.

$$\sum_{i=1}^{n} \sqrt{\Delta t}\phi_i = \sqrt{n\Delta t}\phi,$$

여기서 $\phi \sim N(0,1)$이다. 그러므로 몬테칼로 시뮬레이션을 시행할 때 대부분의 경우에 있어서 $n=1$로 두는 것이다.

다음은 두개의 기초자산이 있는 경우에의 MC 방법에 대해서 알아보자. `MC_call2d.m` 은 MATLAB 코드이다. 이를 실행하면 다음과 같은 결과를 얻는다.

```
Price = 14.2164
```

```
%%%%%%%%%%%%%%%%%%%%%%%%%%%%%% MC_call2d.m %%%%%%%%%%%%%%%%%%%%%%%%%%%%%%%%%%
clear; S1=100; S2=100; E1=100; E2=100; r=0.05; T=0.5;
vol1=0.3; vol2=0.3; rho=0.5; ns=1000; dt=T;
SP1(1:ns,1:2)=0; SP1(:,1)=S1;
SP2(1:ns,1:2)=0; SP2(:,1)=S2; L=[1 0; rho sqrt(1-rho^2)];
for i = 1:ns
    w0 = randn(2,1);
    w = L*w0;
        SP1(i,2) = SP1(i,1)*exp((r-vol1^2/2)*dt ...
                   + vol1*w(1,1)*sqrt(dt));
        SP2(i,2) = SP2(i,1)*exp((r-vol2^2/2)*dt ...
                   + vol2*w(2,1)*sqrt(dt));
end
payoff = mean(max(max(SP1(:,2)-E1,0),max(SP2(:,2)-E2,0)));
Price = exp(-r*T)*payoff
%%%%%%%%%%%%%%%%%%%%%%%%%%%%%%%%%%%%%%%%%%%%%%%%%%%%%%%%%%%%%%%%%%%%%%%%%%%%%%
```

제 8 절 분산 감소법

몬테칼로 시뮬레이션은 어떤 확률변수 X의 기댓값 $E[X]$을 구하고자 하는데 확률변수 X의 확률밀도함수를 확실하게 알 수 없기 때문에 표본평균을 $\frac{1}{M}\sum_{i=1}^{M} X_i$을 이용하여 구하는 방법이다. 연속적인 확률변수를 이산적으로 구하기 때문에 몬테칼로 방법에는 오차가 생기게 된다. 첫 번째는 이산적으로 구하기 때문에 생기는 시간오차(Time discretization error)와 표본평균을 구함으로써 생기는 통계적 오차(Statistical error)가 있다. 여기서 통계적 오차 ϵ_S는 중심극한정리에 의하여 아래와 같이 나타낸다.

$$|\epsilon_S| \le c_0 \frac{b_M}{\sqrt{M}}$$

여기에서 b_M은 표본표준편차이고, M는 시행횟수이다.

그렇기 때문에 이러한 시간을 줄이기 위해 크게 2가지 방법들이 있는 데 분산을 감소시키는 분산감소법과 시행횟수를 변화시키는 콰지 몬테칼로(Quasi-Monte Carlo)방법이 있다. 분산 감소법에는 가장 많이 쓰이는 2가지 방법이 있는데, **대조변수법(Antithetic Variate)**, **통제변수법(Control Variate)**이 있다. 그럼 자세히 알아보도록 하자.

8.1 대조변수법(Antithetic Variate)

대조변수법은 분산을 감소시키는 방법으로 쉽게 적용을 할 수 있기 때문에 가장 널리 쓰이는 방법이다. 일반적으로 각각의 옵션 가격 $\{f_i\colon\ i = 1, 2, \cdots, M\}$이 평균 f, 분산 σ^2인 독립적이고 동일한 분포(independent identically distribution)를 따르는 것을 알고 있다. 여기서 M개를 택한 표본 평균은

$$f^* = \frac{1}{M}\sum_{i=1}^{M} f_i$$

으로 나타내어진다. 그리고 중심극한정리에 의하여 M이 충분히 크게 되면 표본 평균은 거의 정확하게 평균이 f, 표준편차가 $\frac{\sigma}{\sqrt{M}}$을 따르게 된다. 그러면 옵션 가격을 추정한 값 f^*은 실제 옵션 가격 f와 오차는

$$|f^* - f| \le \frac{\sigma}{\sqrt{M}}$$

와 같이 된다. 그럼 이것을 이용하여 95%의 신뢰구간을 구해보면

$$f - 1.96\frac{\sigma}{\sqrt{M}} < f^* < f + 1.96\frac{\sigma}{\sqrt{M}}$$

으로 구할 수 있다. 그러면 몬테칼로가 수렴하는 속도는 $1/\sqrt{M}$ 에 비례함을 알 수 있다. 그렇기 때문에 우리가 10배 정확성을 높이기 위해서는 100배 시행을 해야 하기 때문에 시간이 많이 걸리게 된다. 대조변수법은 이러한 시간을 감소시켜주는 데, 그 방법은 주가를 계산하는 과정에서 난수 Z을 따르는 옵션 가격 f_1을 구하고, 난수 $-Z$을 따라는 옵션 가격 f_2을 구한 다음 이들의 평균

$$f = \frac{1}{2}(f_1 + f_2)$$

을 구하여 계산하는 방법이다. 이렇게 계산하게 되면 기본적인 몬테칼로 시뮬레에션으로 구한 값보다 훨씬 오차가 줄어들기 때문에 비교적 적은 시간에 정확한 값을 도출해 낼 수가 있다.

다음 예제는 대조변수법을 이용하여 몬테칼로 방법으로 콜옵션의 가격을 구한 것이다.

예제

기초자산가격이 100, 행사가격이 100, 이자율이 0.06, 변동성이 0.2, 만기일 1일 때, 대조변수법을 이용한 몬테칼로 방법으로 콜옵션의 가격을 구하여라.

```
%%%%%%%%%%%%%%%%%%%%%%%%%%%%% Antithetic_Variate.m %%%%%%%%%%%%%%%%%%%%%%%%%%%%%
clear all; clc;
S=100; K=100; r=0.06; sigma=0.2; T=1; M=10000; h=0.003;
sum=0; sum1=0; sumdelta=0;

for i=1:M
    Z=randn(1);
    S1=S*exp((r-0.5*sigma^2)*T+sigma*sqrt(T)*Z);
    S2=S*exp((r-0.5*sigma^2)*T+sigma*sqrt(T)*(-Z));
    V=exp(-r*T)*max(S1-K,0);
    V1=exp(-r*T)*max(S2-K,0);
    sum=sum+V;
    sum1=sum1+V^2;
    sumdelta=sumdelta+(V1+V)*0.5;
end
Am=sum/M; % 평균값
call_price=Am*exp(-r*T)
%%%%%%%%%%%%%%%%%%%%%%%%%%%%%%%%%%%%%%%%%%%%%%%%%%%%%%%%%%%%%%%%%%%%%%%%%%%%%%%%%%%
```

`Antithetic_Variance.m`를 실행하면 프로그램을 콜옵션의 가격이 10.2474임을 알 수 있다.

```
call_price = 10.2474
```

8.2 통제변수법(Control Variate)

이미 알고 있는 난수를 이용하여 구하는 대조변수법과 달리 통제변수법은 몬테칼로 시뮬레이션의 분산을 줄이기 위하여 이미 기댓값을 알고 있는 변수를 이용하여 구하는 방법을 말한다. 즉, 현재 구하고자 하는 변수 X의 기댓값을 구하기 위하여 이미 알고 있는 기댓값을 가지는 변수 Y를 이용하여 아래 식(9.16)와 같이 새로운 변수 P를 지정을 한다. 대신 여기에서 중요한 것은 X의 기댓값과 비슷한 변수를 택해야 한다.

$$P = X + E[Y] - Y \tag{9.16}$$

이제 새롭게 만든 변수 P의 기댓값과 분산을 구해보도록 하자.

$$\begin{aligned} E[P] &= E[X + E[Y] - Y] \\ &= E[X] + E[Y] - E[Y] \\ &= E[X] \end{aligned}$$

$$\begin{aligned} Var[P] &= Var[X + E[Y] - Y] \\ &= Var[X - Y] \\ &\leq Var[X] \end{aligned}$$

위에 식에서 알 수 있듯이 새로운 변수 P는 변수 X와 동일한 기댓값을 갖게 되고 분산은 작아지는 것을 알 수 있다. 그렇게 때문에 기본적인 몬테칼로 시뮬레이션으로 구하는 것보다 오차를 줄일 수 있게 된다. 다음 예제를 통하여 이해를 돕고자 한다.

[예제]

다음 균등분포를 따르는 변수 X와 통제변수 Y은 다음 식과 같다.

$$X = e^{\sqrt{X}}, \quad Y = e^{X}$$

통제변수법을 이용하여 새로운 변수 P에 관한 기댓값과 95%의 신뢰구간을 구하여라.

통제변수법을 사용하기 위해서는 우선 통제변수 Y에 관한 기댓값 $E[Y]$를 구해야 한다. 그럼 $E[Y]$을 구해보자. 균등분포를 따르므로 확률밀도함수(PDF) $f(x) = 1$이 된다. 그러면

$$\begin{aligned} E[Y] &= \int_0^1 e^x \cdot 1dx \\ &= [e^x]_0^1 \\ &= e^1 - e^0 = e - 1 \end{aligned}$$

이제 새로운 변수 P를 다음과 같이 지정을 하자.

$$\begin{aligned} P &= X + E[Y] - Y \\ &= e^{\sqrt{X}} + e - 1 - e^X \end{aligned}$$

그럼 이제 새로운 변수 P에 대하여 몬테칼로 시뮬레이션을 하면 기댓값을 구할 수 있다. 다음 코드는 위의 예제를 통제변수법을 이용하여 구한 MATLAB 코드이다.

```
%%%%%%%%%%%%%%%%%%%%%%%%%% Control_Variate.m %%%%%%%%%%%%%%%%%%%%%%%%%%%%%%
clear all; clc; format short
M=100;
rand('state',100);
for i=1:M
    u=rand();
    f(i)=exp(sqrt(u));
    g(i)=0.5*(exp(sqrt(u))+exp(sqrt(1-u)));
                            % Antithentic Variate
    c(i)=exp(sqrt(u))+exp(1)-1-exp(u);
                            % Control Variate
end
a_M=sum(f)/M                    % 기본적인 몬테칼로
b_M=sum(f.^2)/M - a_M^2;        % 기본적인 몬테칼로 분산
a_AV=sum(g)/M                   % Antithentic Variate
b_AV=sum(g.^2)/M - a_AV^2;      % Antithentic Variate 분산
a_CV=sum(c)/M                   % Control Variate
b_CV=sum(c.^2)/M - a_CV^2;      % Control Variate 분산

conf_M = [a_M-1.96*b_M/sqrt(M), a_M+1.96*b_M/sqrt(M)]
```

```
                                % 기본적인 몬테칼로 신뢰구간
conf_AV = [a_AV-1.96*b_AV/sqrt(M), a_AV+1.96*b_AV/sqrt(M)]
                                % Antithentic Variate 신뢰구간
conf_CV = [a_CV-1.96*b_CV/sqrt(M), a_CV+1.96*b_CV/sqrt(M)]
                                % Control Variate 신뢰구간
%%%%%%%%%%%%%%%%%%%%%%%%%%%%%%%%%%%%%%%%%%%%%%%%%%%%%%%%%%%%%%%%%%%%%%%%%%%%%%
```

Control_Variate.m을 실행하면 기댓값이 1.9863, 신뢰구간은 $[1.9834, 1.9891]$가 됨을 알 수 있다. 아래 결과는 일반적인 몬테칼로, 대조변수법, 통제변수법을 비교하여 결과로 나타낸 것이다.

```
a_M = 2.0331
a_AV = 1.9947
a_CV = 1.9863

conf_M = 1.9920    2.0742
conf_AV = 1.9944    1.9950
conf_CV = 1.9834    1.9891
```

제 9 절 콰지-몬테칼로(Quasi-Monte Carlo) 시뮬레이션

일반적인 몬테칼로 방법은 정규분포를 따르는 난수를 무작위로 생성하여 사용하는 방법이다. 하지만 이미 앞에서 배운 것처럼 이렇게 난수(Pseudo Random Number)를 생성하게 되면 고르게 난수가 분포가 되는 것이 아닌 일정하게 밀집되어지는 부분이 생기게 된다. 그렇게 되면 보다 정확한 값을 구하기 위해서는 고르게 분포되기 위하여 많은 시행 과정을 거쳐야만 하는 단점을 가지게 된다. 그러한 문제점을 보완하기 위해 고안된 것이 콰지-몬테칼로 방법이다. 콰지-몬테칼로 방법은 불균등하게 분포가 된 난수를 일정한 간격을 가지는 새로운 난수로 고쳐주는 방법이다. 그로인해 적은 시행과정을 거치더라도 보다 정확한 값을 도출해낼 수 있게 된다. 앞으로 애기하는 'discrepancy'는 분포된 정도를 나타내는 측도이다. 그럼 몇 가지 용어와 정리를 알아보도록 하자.

[정의] Measure of uniformly discrepancy

(1) 콰지-난수(Quasi-Random Number): 분포가 균등하게 분포된 난수(Low discrepancy sequence)

(2) Q: 구간 $[0,1]^d$ 에서의 영역 (d는 차원)

(3) $m(Q)$: Q에서의 체적

(4) $R_N(Q) = \frac{A}{B} - m(Q)$ (A: Q안에 난수의 수, B: 전체 난수의 수)

(5) $D_N(Q) = \sup_{Q\in[0,1]} |R_N(Q)|$

여기서 얘기하는 '$D_N(Q)$'는 'discrepancy'를 나타내는 측도로 0에 가까울수록 완전하게 균등하게 분포된 수열을 의미한다. 다음 몇 가지 예를 통해 정확히 이해해 보도록 하자.

[예제 1]

N개의 난수가 포함되어 있는 임의의 구간 $[0,1]$을 5개의 구간을 나누고 각 구간마다 동일한 난수 $\frac{N}{5}$개를 나누었을 때, 난수가 균등하게 분포되어 있는지를 보여라.

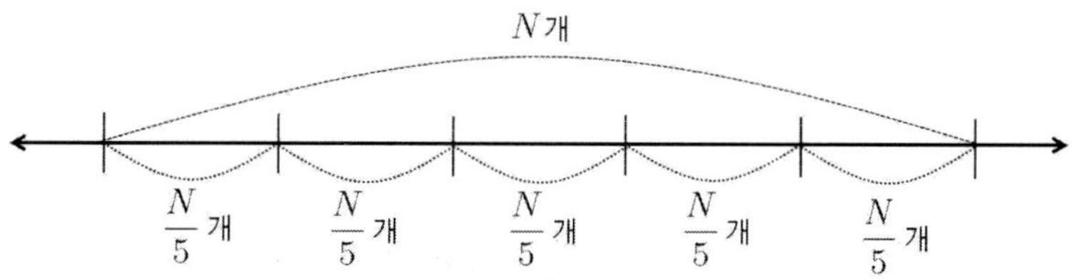

그림 9.14: [예제 1] 구간별 난수분포

(풀이)

그림(9.14)와 같이 5개의 구간안에 난수가 균등하게 $N/5$개씩 분포되어 있으므로 $R_{\frac{N}{5}}(Q)$를 이용하여 D_NQ를 구해보도록 하자. 우선 $R_{\frac{N}{5}}(Q)$을 구해보도록 하자. 전제 구간의 난수의 개수는 N개, 그리고 구간 1당 들어있는 난수는 $N/5$개이고 구간 한 구간의 체적은 $\frac{1}{5}$이다. 그럼 $R_{\frac{N}{5}}(Q)$는

$$R_{\frac{N}{5}}(Q) = \frac{\frac{N}{5}}{N} - \frac{1}{5} = \frac{1}{5} - \frac{1}{5} = 0$$

그럼 이제 $D_N(Q)$을 구해보면

$$\lim_{N\to\inf} D_N = 0$$

그러므로 $D_N(Q) = 0$이 된다. 그 결과 위의 난수는 균등하게 분포되어 있다(uniformly distribution)하다고 할 수 있다.

> **[예제 2]**
>
> N개의 난수가 포함되어 있는 임의의 구간 $[0, 1]$을 5개의 구간을 나누고 홀수번째 구간에서는 $\frac{N}{4}$개, 짝수번째 구간에서 $\frac{N}{8}$개로 난수가 나누어졌을 때, 난수가 균등하게 분포되어 있는지를 보여라.

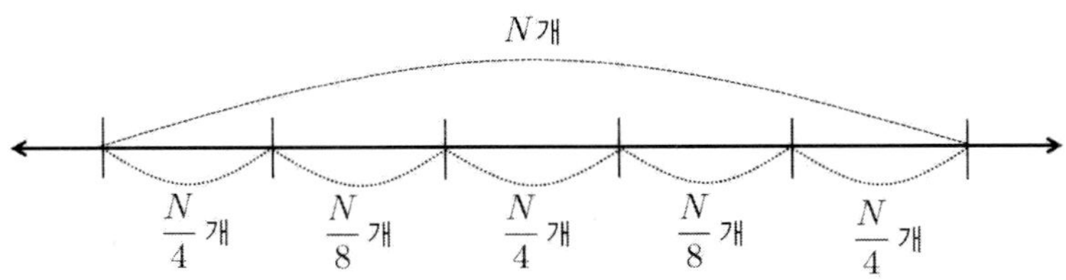

그림 9.15: [예제 2] 구간별 난수분포

(풀이)

'예제1'과 마찬가지로 $R_{\frac{N}{4}}$와 $R_{\frac{N}{8}}$을 먼저 구해보도록 하자.

$$R_{\frac{N}{4}} = \frac{\frac{N}{4}}{N} - \frac{1}{5} = \frac{1}{4} - \frac{1}{5} = \frac{1}{20}$$
$$R_{\frac{N}{8}} = \frac{\frac{N}{8}}{N} - \frac{1}{5} = \frac{1}{8} - \frac{1}{5} = -\frac{3}{40}$$

이제 $D_N(Q)$을 구해보면

$$\lim_{N\to\inf} |D_N| = \frac{3}{40}$$

그러므로 $D_N(Q) = \frac{3}{40}$이 된다. 그러므로 위의 난수는 discrepancy가 $\frac{3}{40}$만큼 균등하게 분포되어 있다는 것을 알 수 있다.

콰지-몬테칼로 시뮬레이션의 핵심은 바로 몬테칼로 시뮬레이션에서 사용한 브라운 운동을 따르는 난수 W_j 대신에 바로 균등한 분포도를 가지는 콰지-난수(Quasi-Random Number)를 이용하는 것이다. 그럼 이제 콰지-난수를 생성하는 방법에 대해서 알아보기 전에 수치적 방법을 풀기 전에 가장 중요한 오차에 대해서 알아보기 위하여 아래의 정리를 보도록 하자. 증명과정은 복잡하므로 이해를 돕기 위하여 정리만 기술하고자 한다.

[정리]

$E[f] \le V[f]D_N$을 만족하는 임의의 수열 $\{X_n\}$과 유계인 variation 함수 f에 대하여 콰지-난수 D_N은 다음이 만족한다.

$$D_N \le C(\log N)^d N^{-1}$$

여기서

$$\begin{aligned} E[f] &= \int_{I^\alpha} f(x)dx - \frac{1}{N}\sum_{j=1}^{N} f(x_j), \\ v[f] &= \int_0^1 |\frac{df}{dt}|dt \end{aligned}$$

위의 정리에 의하여 콰지-몬테칼로 시뮬레이션의 오차는 $O((\log N)^d N^{-1})$가 되어 $\frac{1}{N}$에 비례하므로 시행횟수를 굉장히 줄일 수 있는 장점이 있으나 문제는 차원이 높아질수록 같이 오차가 높아지는 단점도 있다. 그럼 이제 콰지-난수를 생성하는 방법에 대해서 알아보도록 하자. 콰지-난수를 구하는 방법은 굉장히 많은 방법이 있는 데 그 중에서 가장 많이 쓰이는 2가지 방법(Van der Coput Sequence, Halton Sequence)에 대하여 알아보자.

[방법 1] Van der Coput Sequence

0을 모든 자연수 n을 2진법 $\eta = a_m a_{m-1} \cdots a_1 a_0 \pmod 2$으로 고친 후 그 η를 $x_n = 0.a_0 a_1 \cdots a_{m-1} a_m \pmod 2$으로 나타내는 것을 말한다.

여기서 $x_n = 0.a_0 a_1 \cdots a_{m-1} a_m$은 2진법이기 때문에 아래와 같이 나타낼 수 있다.

$$x_n = \frac{a_0}{2} + \frac{a_1}{2^2} + \cdots + \frac{a_m}{2^{m+1}}$$

이렇게 고치게 되면 구간 $[0,1]$ 사이에 균등하게 분포되는 콰지-난수를 생성할 수 있게 된다. Van der Coput Sequence 방법은 2진법을 기초로 하고 있는 데 진법을 k진법까지 확장시킨 방법이 바로 Halton sequence 방법이다.

[방법 2] Halton sequence

0을 모든 자연수 n을 k진법 $\eta = a_m a_{m-1} \cdots a_1 a_0 \pmod k$으로 고친 후 그 η를 $x_n = 0.a_0 a_1 \cdots a_{m-1} a_m \pmod k$으로 나타내는 것을 말한다.

예제를 통해 정확히 이해해보자.

[예제]

Halton sequence방법을 이용하여 $n = 0, 1, 2, \cdots$을 구간 $[0, 1]$안에 콰지-난수(mod 3)로 고쳐라.

(풀이)
1. $n = 0$일 때, $x_0 = 0$
2. $n = 1$일 때, $1 = 1$ (mod 3) $\rightarrow x_1 = 0.1$(mod 3)$= \frac{1}{3}$
3. $n = 2$일 때, $2 = 2$ (mod 3) $\rightarrow x_2 = 0.2$(mod 3)$= \frac{2}{3}$
4. $n = 3$일 때, $3 = 10$ (mod 3) $\rightarrow x_3 = 0.01$(mod 3)$= \frac{1}{3^2}$

이러한 과정을 계속해서 반복하면 콰지-난수 x_n를 아래와 같이 구할 수 있다.

$$x_n = \{0, \frac{1}{3}, \frac{2}{3}, \frac{1}{3^2}, \frac{4}{3^2}, \frac{7}{3^2}, \cdots\}$$

아래 코드는 Halton sequence로 난수를 생성하는 MATLAB 코드이다.

```
%%%%%%%%%%%%%%%%%%%%%%%%%%%% Halton Sequence %%%%%%%%%%%%%%%%%%%%%%%%%%%%%
clear all; clc;
m=100; b=3;     % n=시행횟수, b=진법
for i=1:m
    n=i;
    h=0;
    f=1/b;
    while (n>0)
        n1=floor(n/b);
        r=n-n1*b;
        h=h+f*r;
        f=f/b;
        n=n1;
    end
    x(i)=h;
end
set(gca,'fontsize',15)
plot(x,'o'); title('Halton Sequence')
%%%%%%%%%%%%%%%%%%%%%%%%%%%%%%%%%%%%%%%%%%%%%%%%%%%%%%%%%%%%%%%%%%%%%%%%%%
```

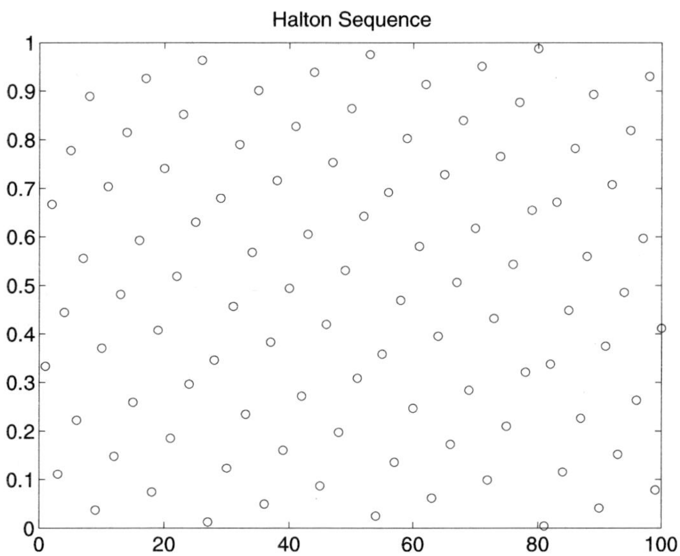

그림 9.16: Halton Sequence로 만들어진 난수

10장

옵션 투자전략

이번 장에서는 옵션에서 사용하고 있는 여러 투자 전략에 대하여 알아보도록 하자.

제 1 절 옵션의 손익구조

옵션 투자전략은 옵션의 성질에 따라 그에 맞는 전략을 취함으로써 이익을 갖게 하는 과정이다. 그렇기 때문에 투자전략을 잘 계획하게 되면 보다 많은 이익을 얻을 수 있게 된다. 그럼 투자전략에 앞에 먼저 몇 가지 용어에 대해서 알아보도록 하자. 이해를 돕기 위해 유럽형 콜옵션에 대해서 예를 들고자 한다.

유럽형 콜옵션의 만기 손익함수(payoff) $C(T)$의 식과 손익함수의 그래프를 나타낸 것이다.

$$C(T) = \max(S(T) - K, 0) \tag{10.1}$$

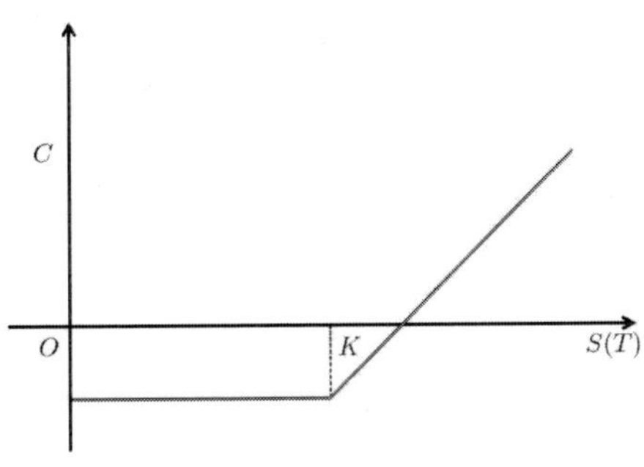

그림 10.1: 콜옵션의 손익함수(Payoff)

콜옵션의 경우 매수자(long position을 취하는 경우)의 수익과 매도자(short position을 취하는 경우)수익을 아래의 그래프와 같이 나타낼 수 있다.

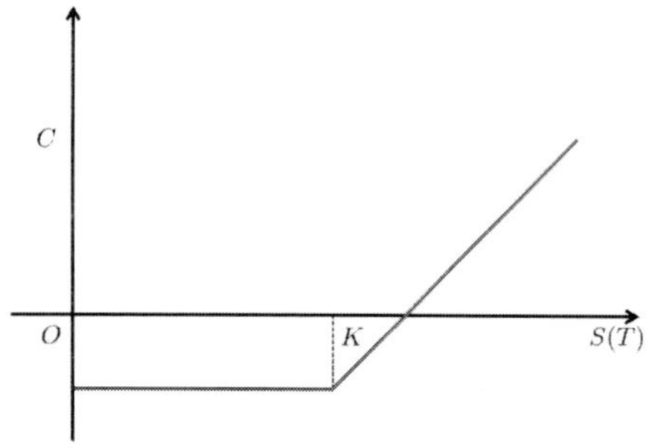

그림 10.2: 콜옵션의 매수자 손익함수

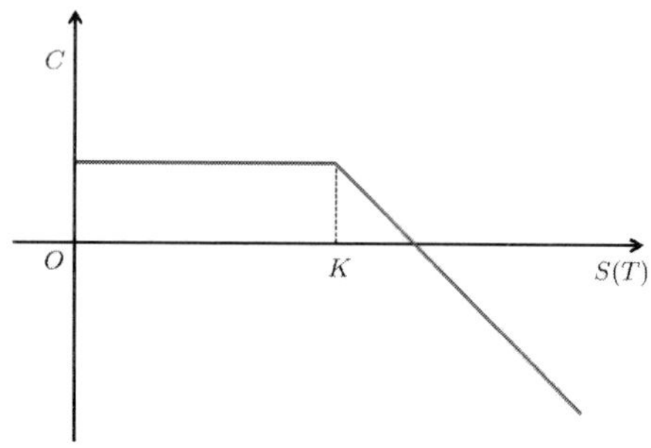

그림 10.3: 콜옵션의 매도자 손익함수

풋옵션의 경우의 손익함수 $P(T)$의 식과 손익함수의 그래프는 아래와 같이 나타낼 수 있다.

$$P(T) = \max(K - S(T), 0) \tag{10.2}$$

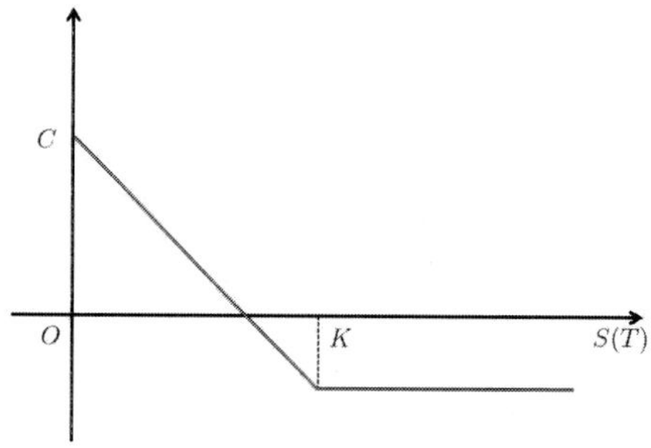

그림 10.4: 풋옵션의 손익함수(Payoff)

아래는 풋옵션의 매도자와 매수자의 손익을 나타내는 그래프이다.

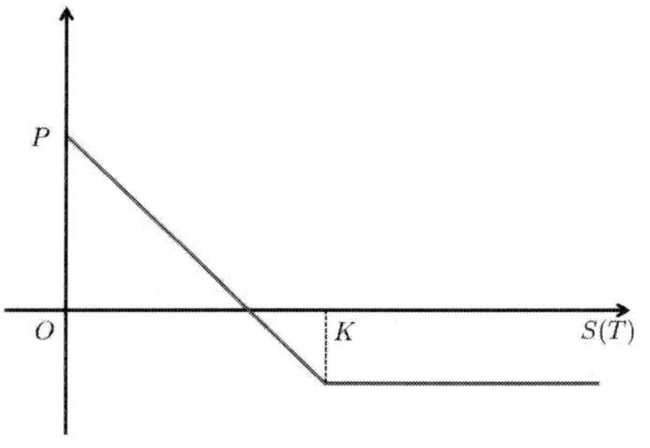

그림 10.5: 풋옵션의 매수자 손익함수

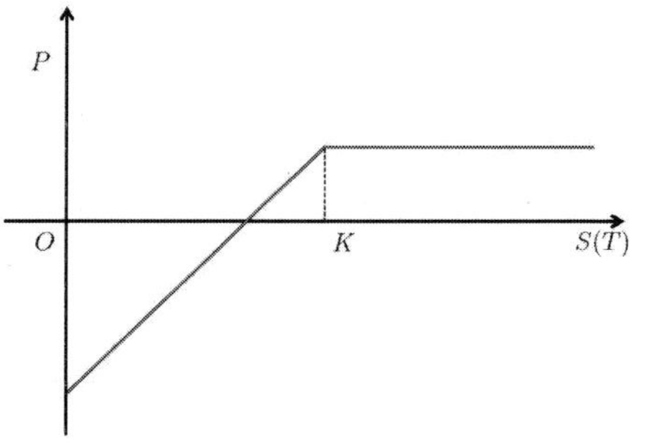

그림 10.6: 풋옵션의 매도자 손익함수

제 2 절 옵션의 투자전략

옵션의 투자전략은 투자자들이 어떠한 포지션을 택하는가에 따라 다양한 전략을 나타낼 수가 있다. 그렇기 때문에 투자자의 기호에 따라 다양한 전략을 적용시킬 수 있는 장점을 가지고 있다. 그럼 옵션 투자전략에 대하여 자세히 알아보도록 하자.

2.1 Covered 콜옵션과 Protective 풋옵션 전략

2.1.1 Covered 콜옵션 전략

Covered 콜옵션 전략은 기초자산을 매입하는 동시에 콜옵션을 매도하는 전략이다. 이 전략은 보통 변동성이 낮은 시장에서 유리한 전략으로 기초자산의 가격이 크게 변동되지 않는다고 예상할 때 쓰인다.
다음은 Covered 콜옵션 전략을 그린 손익함수를 나타낸 것이다.

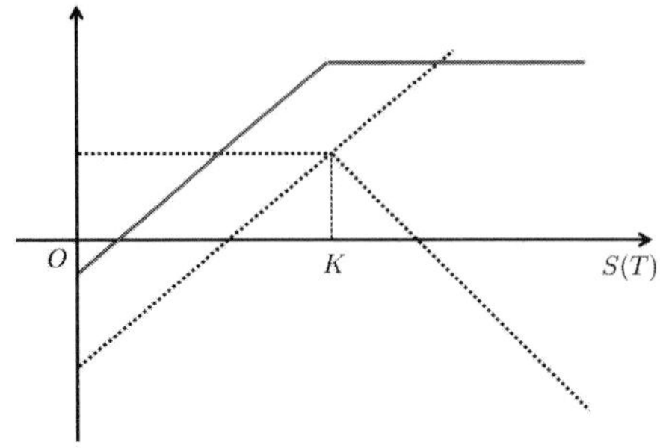

그림 10.7: Covered 콜옵션의 손익함수(Payoff)

2.1.2 Protective 풋옵션 전략

Protective 풋옵션 전략은 Covered 콜옵션 전략과 비슷하게 기초자산을 매입하는 동시에 풋옵션을 매수하는 전략이다. 이 전략의 경우는 기초자산의 가격이 상승할 때도 손실을 일정하게 만들면서 이익을 창출해낼 수 있는 전략이다.
다음은 Protective 풋옵션 전략의 손익함수이다.

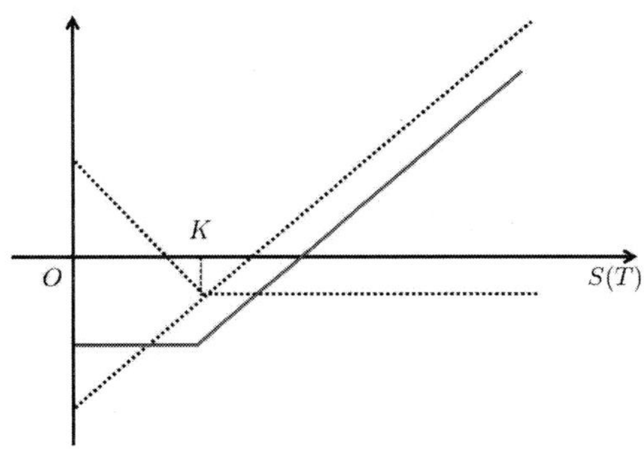

그림 10.8: Protective 풋옵션의 손익함수(Payoff)

2.2 스프레드(Spread)

스프레드(Spread)전략은 서로 다른 만기일 또는 서로 다른 행사가격을 가진 두 옵션을 매수 또는 매도 쓰이는 전략이다. 스프레드 전략은 크게 세 가지로 나눠지는 데 강세 스프레드, 약세 스프레드, Butterfly 스프레드가 있다. 각각을 자세히 알아보도록 하자.

2.2.1 강세 스프레드(Bull Spread)

강세 스프레드 전략은 동일한 기초자산에 다른 행사가격을 가지는 두 개의 콜옵션에 대하여 동일한 단위로 매수(long position)과 매도(short position)을 동시에 택하는 전략이다. 이 전략은 만기일에 기초자산의 가격이 높아질 것이라고 예상할 때 사용한다. 아래 그림(10.9)은 $K_1 < K_2$인 두 기초자산 S_1, S_2에 대하여 S_1은 매수하고, S_2는 매도를 할 때, 강세 스프레드의 손익함수를 나타낸 것이다.

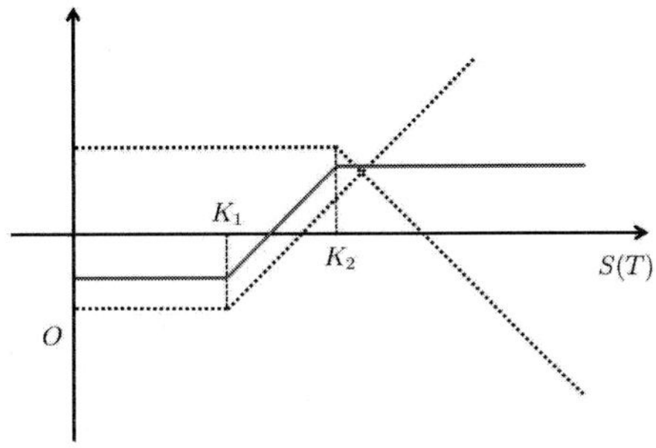

그림 10.9: 강세 스프레드의 손익함수(Payoff)

2.2.2 약세 스프레드(Bear Spread)

약세 스프레드 전략은 강세 스프레드와 반대로 동일한 기초자산에 다른 행사가격을 가지는 두 개의 풋옵션에 대하여 동일한 단위로 매수(long position)과 매도(short position)을 동시에 택하는 전략이다. 이 전략은 만기일에 기초자산의 가격이 낮아질 것이라고 예상할 때 사용한다. 아래 그림(10.10)은 $K_1 < K_2$인 두 기초자산 S_1, S_2에 대하여 S_1은 매도하고, S_2는 매수를 할 때, 약세 스프레드의 손익함수를 나타낸 것이다.

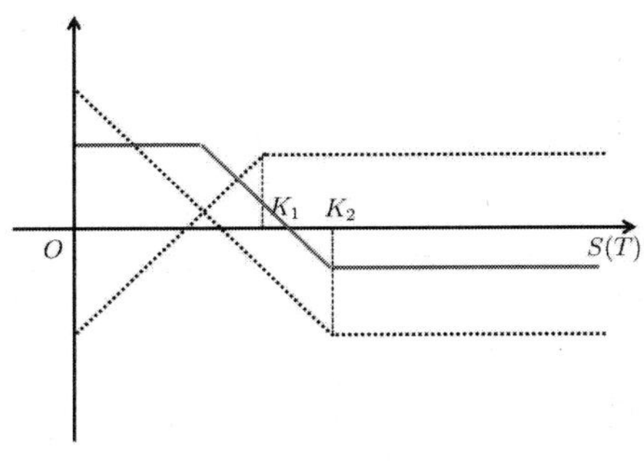

그림 10.10: 약세 스프레드의 손익함수(Payoff)

2.2.3 Butterfly 스프레드(Butterfly 스프레드)

Butterfly 스프레드 전략은 만기일이 동일한 세 개의 콜옵션 또는 풋옵션을 이용하여 중간치의 행사가격을 기준으로 기초자산의 움직임이 안정되지 않을 것이라고 예상할 때 쓰이는 전략이다. 이 경우 행사 가격 $K_1 < K_2 < K_3$을 각각 가진 기초자산을 S_1, S_2, S_3라 할 때, S_1, S_3는 매수하고, S_2는 두 배단위로 매도하여 나타낸다. 아래 그림(10.11)은 Butterfly 스프레드의 손익함수를 나타낸 것이다.

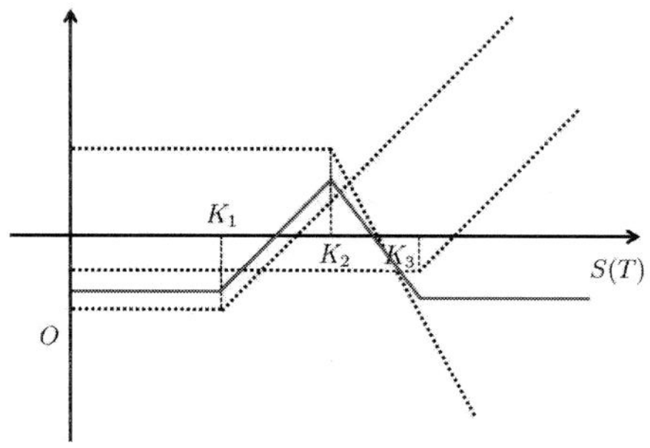

그림 10.11: Butterfly 스프레드의 손익함수(Payoff)

2.3 기타 전략

2.3.1 스트래들(Straddle)

스트래들 전략은 행사가격을 중심으로 가격의 변동이 심해질 것이라고 예상할 때 쓰이는 전략으로 행사가격이 동일한 두 개의 콜옵션과 풋옵션 모두 매수(long position)를 하여 나타내는 전략이다. 그림(10.12)은 스트래들 전략의 손익함수를 나타낸 것이다.

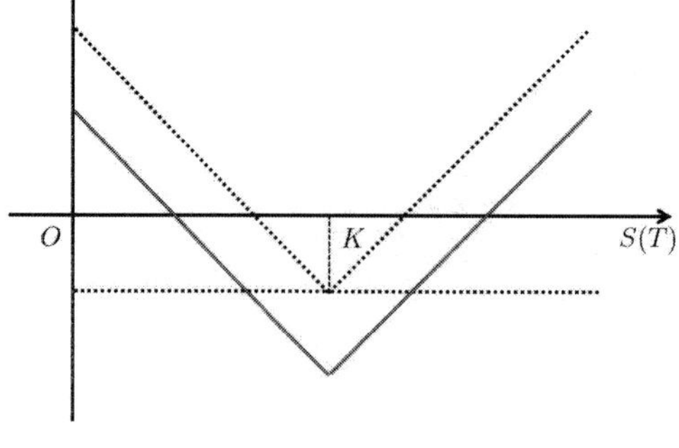

그림 10.12: 스트래들의 손익함수(Payoff)

2.3.2 스트립(Strip)

스트립 전략은 기초자산의 가격이 상승하는 것보다 하락하는 가능성이 높다고 예상될 때 쓰이는 투자전략이다. 이 경우 행사가격이 같은 두 개의 콜옵션과 풋옵션에 대하여 콜옵션은 1 단위로 매수를 하고, 풋옵션은 2 단위로 매수를 하여 나타낸다. 그림(10.13)은 스트립 전략의 손익함수를 나타낸 것이다.

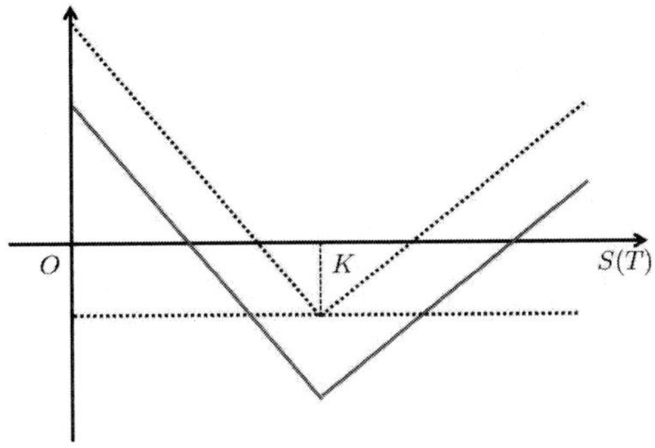

그림 10.13: 스트립의 손익함수(Payoff)

2.3.3 스트랩(Strap)

스트랩 전략은 스트립과 반대로 기초자산의 가격이 상승할 가능성이 높다고 예상할 때 쓰이는 투자전략이다. 이 경우는 동일한 행사가격을 가진 두 개의 콜옵션과 풋옵션에 대하여 콜옵션은 2 단위로 매수를 하고, 풋옵션을 1 단위를 매수를 하여 나타낸다. 그림(10.14)은 스트랩 전략의 손익함수를 나타낸 것이다.

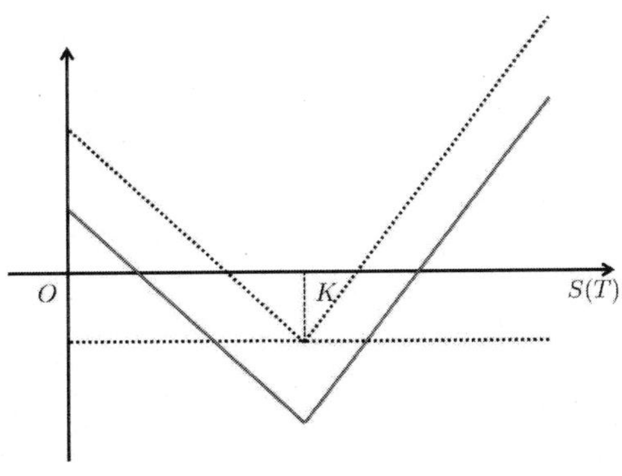

그림 10.14: 스트랩의 손익함수(Payoff)

2.3.4 스트랭글(Strangle)

스트랭글은 변동성이 확대를 예상할 경우 취하는 투자전략이다. 이 경우 동일한 만기일을 가지고 서로 다른 두 개의 행사가격을 가진 콜옵션과 풋옵션을 동시에 취하는 투자전략을 말한다. 그림(10.15)은 스트랭글 전략의 손익함수를 나타낸 것이다.

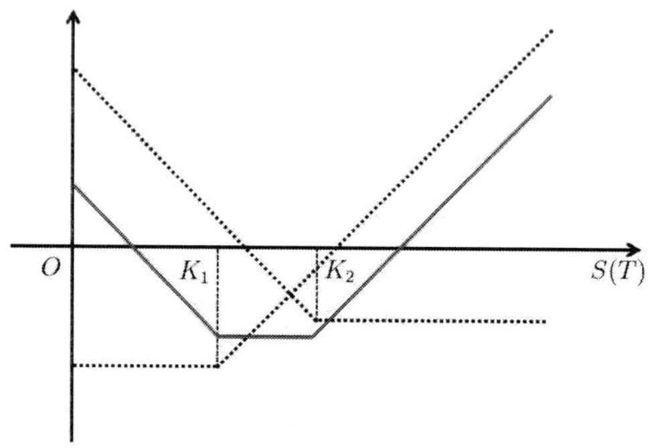

그림 10.15: 스트랭글의 손익함수(Payoff)

11장

참고도서

Black-Scholes 방정식 입문
(최병선 김철응)
금융에 대한 기초실력을 다지기 위하여 편미분방정식을 이용하여 Black-Scholes식이 어떻게 유도되었는지를 밝힌다.

계산재무론 (최병선)
계산재무론의 필요성을 시작으로 금융파생상품의 가치평가, 계산재무기법들, 나무모형을 사용한 가치평가, 편미분방정식을 사용한 가치평가, 몬테카를로법을 사용한 가치평가 등을 차례대로 설명한다.

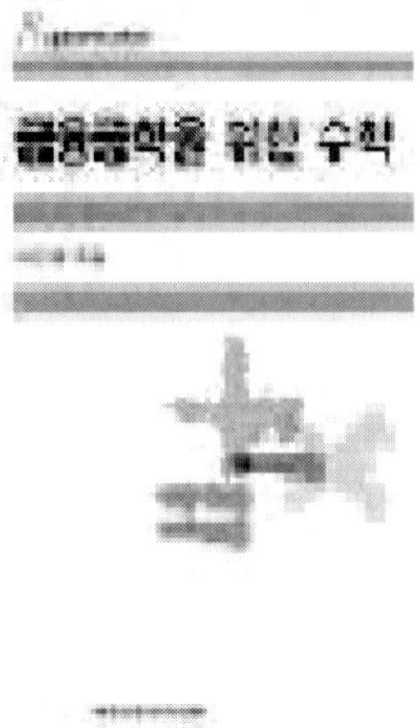

금융공학을 위한 수학 (이인형)
금융자산을 기초로 한 복합 상품인 파생상품의 이론가격 결정을 위해 필요한 기본적인 수학 지식을 다룬 전공서. 확률의 기본 개념, 확률과정, 금융공학을 위한 기초수학, 가격결정 패러다임 등 6개 장으로 설명했다.

금융공학의 수학적 기초 (성승제)
금융수학 입문서. 이 책은 미적분학에서 필요한 집합론과 실해석학, 확률론과 확률해석학에 대한 내용을 담고 있다.

금융수학 (김정훈)
수리금융의 기본개념과 확률미적분학의 기초지식을 익히고 이를 금융문제에 응용하는 내용을 주요 골자로 지은 책이다.

금융파생상품의 수리적 배경 (최병선)

편미분방정식, 마팅게일을 이용해 금융파생상품의 수리적 배경을 다룬 책. 금융파생상품이론의 역사와 가격평가법, 확률론을 설명하고, 옵션의 공정한 가격을 계산하는 Black-Scholes식을 유도하는 수리적 과정에 대해 상세히 소개하고 있다

파생상품 Modeling I MATLAB활용
(이경수 권명은 신진호)

파생상품 평가와 리스크측정에 대한 전문지식을 체계적으로 설명하고 이를 MATLAB을 이용하여 실무에 구현하는 방법을 소개하였다.

금융 증권을 위한 블랙숄즈의 편미분방정식
(김완세 옮김)

금융 증권을 위한 블랙 숄즈 미분 방정식 입문서로서 미분과 편미분, 테일러 급수 전개, 적분과 무한적분, 푸리에 해석과 편미분방정식 해의 공식 등의 내용을 담았다.

선물옵션 (이필상)
선물, 옵션, 스왑과 같은 파생 금융상품에 대한 전반 적이고 체계적인 내용을 다룬 전공서. 선물의 개념, 선물시장의 구조와 운영, 금리/통화/주가지수 선물, 스왑, 옵션시장의 구조와 운영 등 14개 장으로 설명하고 각 장마다 연습문제를 실었다.

선물,옵션 투자자가 가장 알고 싶은 101가지 (최규찬)
투자자들이 알고 싶어하는 선물 옵션거래의 핵심사항들을 간단명료하게 해설하고 있다. 투자자들이 궁금해 하는 점들을 구체적으로 예시하고 그에 대한 답변을 제시함으로써 선물 옵션거래의 원리와 기법을 쉽고 정확하게 이해할 수 있도록 했다.

수리 금융의 이해와 응용 (박유성)
수리금융에 대한 지식(기본적인 확률론, 포트폴리오 작성법, Risk management, 파생상품 모형, 이자율 모형)을 수학적과 통계학적으로 자세히 설명이 되어있으며, 다양한 예제들을 제시함에 따라 쉽게 이해할 수 있게 했다..

Options, Futures, and other Derivatives (John C.Hull)

For undergraduate and graduate courses in derivatives, options and futures, financial engineering, financial mathematics, and risk management. Designed to bridge the gap between theory and practice, this highly successful book is regarded is the standard reference on trading floors and in academic classrooms throughout the world.

The Complete Guide to Option Pricing Formulas (Espen Gaardner Haug)

The Complete Guide to Option Pricing Formulas contains thousands of formulas and explanations, including a ready-reference overview table for all option pricing formulas that gives you the fast answers you need - with more comprehensive information inside the book.

Finite Difference Methods in Financial Engineering (Daniel J. Duffy)

Today's most complete and practical guide to finite difference methods and its applications to derivatives. Finite difference methods in financial engineering provides a step-by-step description of how robust and accurate numerical methods are motivated and applied to pricing financial derivative products.

The Mathematics of Financial Derivatives (Paul Wilmott)

Finance is one of the fastest growing areas in the modern banking and corporate world. this, together with the sophistication of modern financial products, provides a rapidly growing impetus for new mathematical models and modern mathematical methods; the area is an expanding source for novel and relevant 'real-world' mathematics.

An Introduction to Financial Option Valuation (Desmond Higham)

This is a lively textbook providing a solid introduction to financial option valuations for undergraduate students armed with a working knowledge of first-year calculus, written in a series of short chapters, its self-contained treatment gives equal weight.

Computational Finance (Levy and George)

Computational finance presents a modern computational approach to mathematical finance within the window environment, and contains financial algorithms, mathematical proofs and computer code in C/C++. The author illustrates how numeric components can be developed which financial routines to be easily called by the complete range of Windows applications, such as Excel, Borland Delphi, Visual Basic and Visual C++.

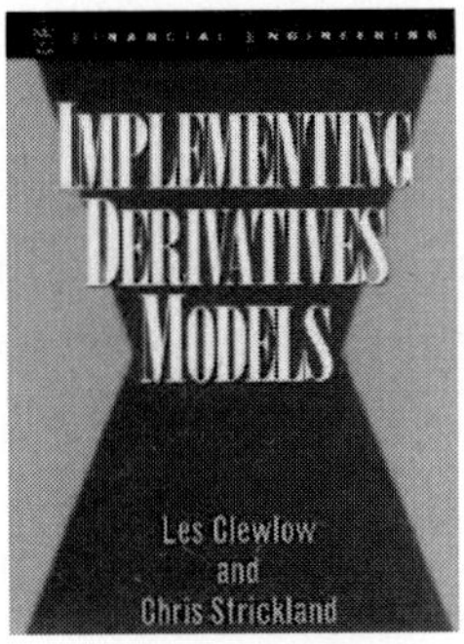

Implementing Derivative Models (Clewlo and strickland) Highly accessible to practitioners seeking the latest uses of Monte Carlo and Binomial methods, this book is also a potent resource for financial academics who need to implement, examine and empirically estimate the behavior of various options pricing models.

Numerical Methods in Finance And Economics (Paolo Brandimarte) A state-of-the-art introduction to the powerful mathematical and statistical tools used in the field of finance. A MATLAB-Based Introduction bridges the gap between financial theory and computational practice while showing readers how to utilize MATLAB the powerful numerical computing environment–for financial applications.

Paul Wilmott on Quantitative Finance 3 Volume Set (2nd Edition) (Paul Wilmott) Volume 3: Advanced Topics; Numerical Methods and Programs. In this volume the reader enters territory rarely seen in textbooks, the cutting-edge research. Numerical methods are also introduced so that the models can now all be accurately and quickly solved.

Financial Calculus - An introduction to derivative pricing (Martin Baxter and Andrew Rennie)

Here is the first rigorous and accessible account of the mathematics behind the pricing, construction, and hedging of derivative securities. With mathematical precision and in a style tailored for market practioners, the authors describe key concepts such as martingales, change of measure, and the Heath-Jarrow-Morton model. Starting from discrete-time hedging on binary trees, the authors develop continuous-time stock models (including the Black-Scholes method). They stress practicalities including examples from stock, currency and interest rate markets, all accompanied by graphical illustrations with realistic data. The authors provide a full glossary of probabilistic and financial terms.

An undergraduate introduction to financial mathematics (Second Edition) (J. Robert Buchanan)

This textbook provides an introduction to financial mathematics and financial engineering for undergraduate students who have completed a three- or four-semester sequence of calculus courses.It introduces the Theory of Interest, discrete and continuous random variables and probability, stochastic processes, linear programming, the Fundamental Theorem of Finance, option pricing, hedging, and portfolio optimization. The reader progresses from a solid grounding in multi-variable calculus through a derivation of the Black–Scholes equation, its solution, properties, and applications.

Tools for Computational Finance (Rudiger U. Seydel) This book is very easy to read and one can gain a quick snapshot of computational issues arising in financial mathematics. Researchers or students of the mathematical sciences with an interest in finance will find this book a very helpful and gentle guide to the world of financial engineering.

A First Course in Probability 7E (Sheldon Ross) For upper-level or undergraduate/graduate level introduction to probability for math, science, engineering, and business students with a background in elementary calculus. This highly successful text is written as an elementary introduction to the mathematical theory of probability for students in mathematics, engineering, and the sciences who possess the prerequisite knowledge of elementary calculus.

참고 문헌

[1] F. Black, M. Scholes, *The Pricing of Options and Corporate Liabilities*, Journal of political economy, 1973

[2] Brandimarte P., *Numerical Methods in Finance and Economics*, Wiley, 2/E, 2006

[3] Clewlow L., Strickland C., *Implementing Derivatives Models*, John Wiley & Sons, 1998

[4] Glasserman P.,*Monte Carlo Methods in Financial Engineering*, Springer, 2003

[5] Higham D.J., *An Introduction to Financial Option Valuation*, Cambridge Univ Press, 2004

[6] Hull J.C., *Options, Futures, and Other Derivatives*, Prentice Hall, 7/E, 2008

[7] Seydel R.U., *Tools for Computational Finance*, 3/E, Springer , 2006

[8] Taleb N.,*Dynamic Hedging ; Managing Vinilla and Exotic options*,,John Wiley & Sons, 1996

[9] Wilmott P., *Paul Wilmott on Quantitative Finance*, 2/E, Wiley , 2006

[10] Wilmott P., Howison S., Dewynne J., *The Mathmathics of Financial Derivatives*, Cambridge Univ Press, 1995

찾아보기

김준석

고려대학교 수학교육과 졸업(1995년, 이학학사)
서울대학교 수학과 대학원 졸업(1997년, 이학석사)
University of Minnesota 수학과 대학원 졸업
(2002년, 이학박사: 응용수학, computational fluid dynamics, 과학계산 전공)
University of California, Irvine 수학과
(2002년~2006년, 박사후연구원)
동국대학교 수학과(2006년~2007년, 조교수)
고려대학교 수학과(2008년~현재, 부교수)
이메일 cfdkim@korea.ac.kr
홈페이지 http://math.korea.ac.kr/~cfdkim

Black-Scholes 방정식의
수치해석 입문 [Third Edition]

2012년 6월 10일 초판 인쇄
2012년 6월 15일 초판 발행

저 자 / 김준석 · 정다래 · 추영기
발행자 / 오판근
발행처 / 교우사

주 소 / 서울 동대문구 제기2동 148-19 교우빌딩 2층
전 화 / 925-2861~2, 편집부 / 925-2825
팩 스 / 925-2860

E-mail / kyowoo@kyowoo.co.kr
http://www.kyowoo.co.kr

등록 / 1994. 3. 24 제6-0256호

ISBN 978-89-8172-920-2 (93410)

값 15,000 원